冶金工业出版社

普通高等教育"十四五"规划教材

岩体破裂监测技术

Rockmass Fracturing Monitoring Techniques

陈炳瑞　主　编

邹先坚　赵洪波　副主编

U0342663

北　京

冶金工业出版社

2022

内 容 提 要

针对岩体破裂诱发的灾害进行预警与防治,对深部工程安全、风险分析与控制具有重要意义。本书旨在使读者全面了解最新岩体破裂监测技术,更好地服务于国家重大岩体工程建设。本书阐述了岩体破裂监测的目的与意义、发展现状、主要应用领域及监测设计的思想与方法;分章介绍了声发射监测技术、微震监测技术、声波检测技术、钻孔摄像监测技术和地质雷达监测技术的原理和具体应用案例。

本书可作为岩土工程、土木工程、采矿工程、工程力学、地质工程、隧道工程、石油开采工程等专业的本科生和研究生教材,也可作为相关领域科研院所和工程部门的科研人员、工程技术人员的参考用书。

图书在版编目(CIP)数据

岩体破裂监测技术/陈炳瑞主编. —北京:冶金工业出版社,2022.6
普通高等教育"十四五"规划教材
ISBN 978-7-5024-9121-5

Ⅰ.①岩… Ⅱ.①陈… Ⅲ.①岩体破坏形态—动态监测—高等学校—教材 Ⅳ.①TU452

中国版本图书馆 CIP 数据核字(2022)第 057917 号

岩体破裂监测技术

出版发行	冶金工业出版社	电 话	(010)64027926
地 址	北京市东城区嵩祝院北巷 39 号	邮 编	100009
网 址	www.mip1953.com	电子信箱	service@mip1953.com

责任编辑 刘小峰 刘思岐 美术编辑 彭子赫 版式设计 郑小利
责任校对 李 娜 责任印制 李玉山
三河市双峰印刷装订有限公司印刷
2022 年 6 月第 1 版,2022 年 6 月第 1 次印刷
787mm×1092mm 1/16;12.25 印张;240 千字;188 页
定价 49.00 元

投稿电话 (010)64027932 投稿信箱 tougao@cnmip.com.cn
营销中心电话 (010)64044283
冶金工业出版社天猫旗舰店 yjgycbs.tmall.com
(本书如有印装质量问题,本社营销中心负责退换)

前　言

随着国民经济的发展，水利水电、道路交通、深部金属矿山开采、核废料地质处置、深部物理地下实验室等岩土工程正经历着前所未有的快速发展，各种新理论、新方法、新技术如雨后春笋般发展起来。岩体破裂在岩体工程灾害孕育与发生过程扮演着至关重要的角色，尤其是在深部岩体工程中，扮演的角色越来越重要。那么，岩体破裂监测技术有哪些，它们的基本原理是什么，如何分析和使用，理论上、现场使用中分别有哪些优点与不足，破裂监测如何设计？目前尚未有一部教材系统介绍这些内容，多是在岩石力学与工程、采矿工程、监测理论与技术等教材中有零星介绍，且所介绍的岩体破裂监测技术多滞后于实际工程所使用的监测技术，导致学生们学习和掌握的理论与技术较为落后，在工程中用不上，一定程度上影响了国家重大工程尤其是深部重大工程设计、建设及运营人才的培养。

鉴于此，编者结合多年的现场工作经验，对目前常用的岩体破裂监测技术原理和应用进行了整理，力争浅显易懂地把这些内容呈现给在校的大学生，使他们课堂上有所学，工程上有所用，为国家深部岩体工程建设现代化人才培养提供一部内容实用和新颖的教材。本书绪论部分阐述了岩体破裂监测的目的与意义、发展现状、主要应用领域及监测设计的思想与方法；第1章声发射监测技术主要是用来监测岩体小尺寸破裂动态演化与发展，第2章微震监测技术主要是用来监测岩体较大尺寸破裂动态演化与发展，二者都是通过"听"进行岩体破裂过程的监测，前者是细观尺度的监测，后者是更宏观尺度的监测，二者互相补充，获取更为广泛、更为精细的破裂动态演化信息；第3章是声波检测技术，第4章是钻孔摄像监测技术，前者是通过声波波速的变化"感知"岩体破裂的演化规律与状态，后者是通过视频图像更直接地"看"岩体破裂的演化规律与状态，声波检测可以弥补视线不好时钻孔摄像的监测结果，钻孔摄像结果反过来可以校正或验证声波检测的结果，相辅相成，确保细观尺度上破裂状态监测结果的可靠性；第5章地质雷达监测技术从宏观上监测岩体破裂的初始状态和每个阶段发展的状态，从而实现岩体破裂动态演化与状态结合。最终，通过岩体破裂综合监测，达到灾害预警与防治的目的。

本教材由中国科学院武汉岩土力学研究所、中国科学院大学陈炳瑞任主编，中国科学院武汉岩土力学研究所、中国科学院大学邹先坚和山东理工大学赵洪波任副主编。各章节编写分工为：绪论——陈炳瑞；第 1 章——陈炳瑞、王庆、朱新豪；第 2 章——陈炳瑞、李涛、肖亚勋；第 3 章——赵洪波；第 4 章——邹先坚；第 5 章——陈炳瑞、王旭、唐新建、谢厚霖。全书由陈炳瑞统稿。唐新建审校第 1 章和第 3 章，邹先坚审校绪论和第 2 章，赵洪波审校第 5 章，陈炳瑞审校第 4 章并负责全书终稿。

本教材部分成果是在国家科技部、国家自然科学基金委员会、中国国家铁路集团有限公司的支持下完成的；本教材的编写过程得到冯夏庭院士、李元辉教授、李邵军研究员的指导与帮助；刘建坡教授、徐帅教授、丰光亮副研究员、王运森博士、徐世达博士也为本教材的编写提供了诸多有益的帮助；中国科学院武汉岩土力学研究所研究生处、东北大学采矿工程系、山东理工大学建筑系也为本教材的编写给予了大力的支持。在此表示衷心的感谢！

由于编者水平所限，书中不妥之处，敬请批评指正。

编　者

2021 年 12 月于武汉

目　　录

绪论 ……………………………………………………………………………… 1

　　0.1 岩体破裂监测的目的与意义 ………………………………………… 1

　　0.2 岩体破裂监测技术 ……………………………………………………… 2

　　0.3 主要应用领域 …………………………………………………………… 3

　　0.4 岩体破裂监测的思想与方法 …………………………………………… 4

　　习题与思考题 ……………………………………………………………… 6

　　参考文献 …………………………………………………………………… 6

1　声发射监测技术 …………………………………………………………… 7

　　1.1　声发射技术概述 ……………………………………………………… 7

　　　　1.1.1　声发射技术简介 ……………………………………………… 7

　　　　1.1.2　声发射技术的发展与应用 …………………………………… 7

　　　　1.1.3　声发射技术特点 ……………………………………………… 9

　　1.2　声发射技术基础 ……………………………………………………… 9

　　　　1.2.1　声发射源 ……………………………………………………… 9

　　　　1.2.2　声发射波 ……………………………………………………… 10

　　　　1.2.3　信号特征与参数 ……………………………………………… 14

　　　　1.2.4　Kaiser 效应与 Felicity 效应 ……………………………… 16

　　1.3　岩体声发射监测技术 ………………………………………………… 18

　　　　1.3.1　声发射监测系统 ……………………………………………… 18

　　　　1.3.2　声发射信号分析方法 ………………………………………… 20

　　　　1.3.3　声发射源定位 ………………………………………………… 22

　　　　1.3.4　岩体破裂声发射监测方法 …………………………………… 24

　　　　1.3.5　岩体破裂声发射评价分析 …………………………………… 28

　　1.4　岩体破裂声发射监测技术应用 ……………………………………… 29

　　　　1.4.1　室内花岗岩单轴压缩试验 …………………………………… 29

　　　　1.4.2　深埋隧洞 TBM 开挖围岩损伤演化试验 …………………… 33

　　本章小结 …………………………………………………………………… 38

　　习题与思考题 ……………………………………………………………… 38

　　参考文献 …………………………………………………………………… 39

2　微震监测技术 ··· 40

  2.1　微震监测技术概述 ··· 40

    2.1.1　微震监测技术简介 ································· 40

    2.1.2　微震监测技术的发展现状 ······················· 41

    2.1.3　微震监测技术的应用 ····························· 42

  2.2　微震监测基础知识 ··· 42

    2.2.1　微震波 ··· 42

    2.2.2　微震源位置 ····································· 42

    2.2.3　地震矩 M ····································· 43

    2.2.4　微震辐射能 ····································· 43

    2.2.5　微震体变势 P ································· 44

    2.2.6　能量指数 EI ··································· 44

    2.2.7　视应力 σ_A ······························· 44

    2.2.8　视体积 V_A ··································· 44

    2.2.9　地震震级 ······································· 45

    2.2.10　其他参数 ····································· 45

  2.3　微震监测系统 ··· 46

    2.3.1　微震监测系统组成 ······························· 46

    2.3.2　传感器选择、布置及安装 ······················· 47

    2.3.3　微震信号通信方式 ······························· 54

    2.3.4　微震分析软件 ··································· 54

  2.4　微震信号分析方法 ··· 55

    2.4.1　微震信号识别及滤波 ····························· 55

    2.4.2　微震信号初至拾取 ······························· 60

    2.4.3　微震源定位 ····································· 62

    2.4.4　微震辐射能量计算 ······························· 66

    2.4.5　微震震源机制分析 ······························· 67

  2.5　微震监测技术在岩石工程中的应用 ························· 70

    2.5.1　深埋隧道 ······································· 70

    2.5.2　金属矿山 ······································· 75

  本章小结 ··· 80

  习题与思考题 ··· 80

  参考文献 ··· 81

3　声波检测技术 ··· 83

  3.1　声波检测技术概述 ··· 83

    3.1.1　声波检测技术简介 ······························· 83

    3.1.2　声波检测技术发展历史 ··························· 83

3.2　岩体特性与声波的传播 ·· 84
　　3.2.1　岩体物理力学性质与弹性波速度的关系 ···················· 84
　　3.2.2　岩体结构面与波速变化的关系 ······························ 85
　　3.2.3　岩体风化程度与弹性波传播的关系 ·························· 86
　　3.2.4　围岩压力对弹性波传播的影响 ······························ 86
　　3.2.5　温度与弹性波传播的关系 ·································· 87
3.3　声波检测系统 ·· 87
3.4　声波检测方法 ·· 88
　　3.4.1　声波检测方式 ·· 88
　　3.4.2　检测区域的选择 ·· 90
　　3.4.3　换能器与被测岩面的耦合 ·································· 90
　　3.4.4　单孔声波测试法的原理 ···································· 90
　　3.4.5　纵横波的识别 ·· 91
　　3.4.6　波速测量 ·· 92
　　3.4.7　振幅衰减 ·· 93
3.5　声波检测在岩体工程中的应用 ······································ 94
　　3.5.1　声波岩石分级 ·· 94
　　3.5.2　地下工程围岩性态检测 ···································· 96
　　3.5.3　岩体破裂损伤声波检测 ···································· 101
本章小结 ··· 109
习题与思考题 ··· 110
参考文献 ··· 110

4　钻孔摄像监测技术 ··· 111
4.1　钻孔摄像监测技术概述 ·· 111
　　4.1.1　发展历程及其特点 ·· 111
　　4.1.2　应用范围 ·· 113
　　4.1.3　发展趋势 ·· 113
4.2　基本原理概念 ·· 114
　　4.2.1　光学成像基础知识 ·· 114
　　4.2.2　薄透镜成像基本原理 ······································ 116
　　4.2.3　空间物体成像的景深 ······································ 117
　　4.2.4　钻孔图像与岩体破裂参数 ·································· 119
　　4.2.5　图像处理与图像分析技术 ·································· 122
4.3　钻孔摄像系统 ·· 123
　　4.3.1　系统组成 ·· 123
　　4.3.2　全景图像成像原理 ·· 126
　　4.3.3　钻孔孔壁成像过程 ·· 128
　　4.3.4　最新设备及其主要特点 ···································· 130

4.4　孔内视频图像分析技术 ……………………………………… 132

4.4.1　孔内视频图像特征 …………………………………… 133

4.4.2　钻孔图像拼接技术 …………………………………… 133

4.4.3　裂隙自动识别技术 …………………………………… 137

4.4.4　跨孔图像数据联合分析方法 ………………………… 142

4.5　岩体破裂监测工程应用实例 ………………………………… 145

本章小结 ………………………………………………………… 150

习题与思考题 …………………………………………………… 151

参考文献 ………………………………………………………… 151

5　地质雷达监测技术 ……………………………………………… 152

5.1　地质雷达概述 ………………………………………………… 152

5.1.1　地质雷达简介 ………………………………………… 152

5.1.2　地质雷达发展历史 …………………………………… 153

5.1.3　地质雷达的应用 ……………………………………… 153

5.2　岩石介质电磁波传播原理 …………………………………… 154

5.2.1　岩石介质的电磁性质 ………………………………… 154

5.2.2　电磁场基本理论 ……………………………………… 155

5.2.3　电磁波在岩石介质中的传播 ………………………… 157

5.2.4　电磁波的反射和折射 ………………………………… 158

5.2.5　高频雷达波的传播特点 ……………………………… 160

5.3　地质雷达设备及数据采集 …………………………………… 160

5.3.1　地质雷达设备 ………………………………………… 160

5.3.2　地质雷达探测方法 …………………………………… 162

5.4　地质雷达数据处理 …………………………………………… 167

5.4.1　地质雷达信号噪声分类 ……………………………… 167

5.4.2　地质雷达数据预处理 ………………………………… 169

5.4.3　地质雷达数据滤波 …………………………………… 170

5.4.4　地质雷达数据修饰 …………………………………… 179

5.5　地质雷达在岩体破裂监测中的应用 ………………………… 182

5.5.1　雷达波速计算 ………………………………………… 183

5.5.2　岩体破裂资料解释 …………………………………… 183

5.5.3　岩体破裂时空演化监测 ……………………………… 185

本章小结 ………………………………………………………… 187

习题与思考题 …………………………………………………… 187

参考文献 ………………………………………………………… 187

绪　论

0.1　岩体破裂监测的目的与意义

岩体是岩石及各类结构面的集合体，是一种典型的天然非均质材料，具有明显的各向异性。岩体结构面包括原生结构面、断裂结构面和次生结构面，前两者主要是赋存于地质环境中的岩体在漫长的地质年代演化过程中产生的，在没有外界扰动的条件下，往往是处于应力平衡状态的，是稳定的；后者通常是在开挖（开采）等外界扰动下，原来的应力平衡被打破，应力在调整过程中局部超过岩体结构面的承载强度，岩体结构面萌生新的破裂，破裂进一步发展而产生的。次生结构面产生过程即为岩体破裂演化过程，当岩体破裂累积到一定程度会导致不同类型动力型灾害的发生，如岩爆、冲击地压、滑坡、顶板垮塌等。

随着国民经济的发展，西部大开发战略、"一带一路"倡议等持续推进，深部岩体工程越来越多。随着深度的增加，岩体所赋存的地质环境更为复杂，地应力更高，开挖（开采）诱发岩体破裂而产生的动力型灾害如岩爆、冲击地压等更加突出、严重[1]，如：

（1）白鹤滩水电站，施工过程发生多起岩爆，例如 2013 年 10 月 18 日下午 18：35，左岸泄洪洞 1 号施工支洞发生一次中等岩爆，如图 0-1（a）所示，爆块弹射最远距离达 10m，造成正在钻孔作业的 3 位施工人员受伤；

（2）锦屏二级水电站，据不完全统计仅在 K7+344～K9+108 洞段，施工过程就发生一百多次不同等级的岩爆，2009 年 11 月 28 日施工排水洞发生极强岩爆，刀盘至后支撑约 20m 范围内的围岩整体性崩塌，TBM（全断面隧道掘进机）主梁前段被冲击折断，TBM 被严重损坏，如图 0-1（b）所示，被迫中途退役；

（3）2010 年 2 月 4 日，锦屏二级水电站 2 号引水隧洞 K11+070～K11+006 洞段发生极强岩爆，正在出渣作业的施工车辆被岩爆冲击波推转 90°，车身严重受损导致报废，如图 0-1（c）所示，导致停工数日；

（4）红透山铜矿在 1999 年 5 月发生强烈岩爆，如图 0-1（d）所示，导致近 100m 长的斜坡道一次性崩塌报废和部分采场停产。

这些灾害有的直接威胁施工人员和设备的安全，影响工程进度，甚至导致整个工程建设失败；有的诱发地震造成地表建筑物损坏、村庄被毁，给国家、企业和人民群众造成了不可挽回的损失，同时也给岩石工程设计、施工及灾害防治带来了更大的困难与挑战。

岩体不同于人工制成的材料，在其形成过程中受到地质构造、应力状态、应力历史等多种不确定的物理、力学和化学因素的影响，具有很强的随机性、不确定性和变异性，单纯通过室内试验、理论分析和数值仿真等手段难以准确地了解岩体已有破裂和新破裂演化特征与规律，也难以预测这些动力型灾害的发生。因此，必须对岩体破裂（包括已有破裂和新破裂）进行现场监测，其目的和意义主要体现在以下几个方面：

（1）通过岩体破裂监测，获取岩体破裂演化特征与规律，认知岩体动力型灾害发生的规律与机理，是岩体动力型灾害预警与防治的基础，也是岩体动力学理论形成和发展的基础。

（2）岩体破裂监测是岩体工程动态设计及设计合理性与可行性的检验与保障。通过现场监测与反演分析，求出能使理论分析与实测基本一致的工程参数，保证工程设计的可靠性和经济性。

（3）岩体破裂监测是岩体工程安全施工的保障。依据现场监测，通过反馈分析，动态调整施工进度、施工工序与参数等，保障岩体工程施工安全。

（4）岩体破裂监测是岩体工程长期安全运行的保障。通过对岩体工程运营期间岩体破裂进行监测，实现动力型灾害有效评估和安全预警，保证工程的运营安全。

因此，工程岩体破裂监测是从事岩体工程工作的人员所必需的基本知识，同时也是从事岩体工程理论研究所必须掌握的基本手段。因此，对于涉及岩体工程专业的学生来说，这是一门必须掌握的专业基础课程。

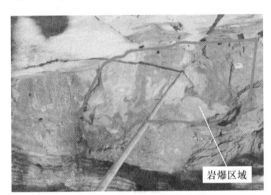

(a) 白鹤滩水电站左岸泄洪洞岩爆

(b) 锦屏二级水电站排水洞极强岩爆

(c) 锦屏二级水电站2号引水隧洞极强岩爆

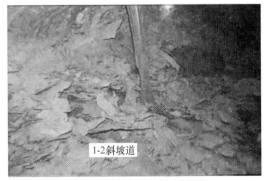

(d) 红透山铜矿斜坡道强烈岩爆

图 0-1　深埋岩体工程强烈与极强岩爆

0.2　岩体破裂监测技术

开挖（开采）等人类活动导致赋存于工程岩体内的应力场发生调整，进而引发岩体发生变形（主要包括弹性变形和塑性变形）。当应力调整超过岩体的局部承载强度时岩体发生破裂，进一步促使应力、变形和岩体结构的变化，同时也会释放出弹性波、热、气体、电磁波等。岩体破裂监测技术是直接或间接监测岩体破裂产生的弹性波、热、应力、变形、岩体结构变化的一种监测技术，是岩体工程设计、建设与运营必不可少的监测手段。

随着经济的发展及人们对生命与安全的重视，国家重大工程建设对岩体监测与分析提出了更高的要求。伴随着电子技术、通信技术、计算机技术和数据分析技术的快速发展，涌现出一批以岩体智能监测技术、大数据智能分析方法及无线通信技术为代表的诸多新的岩体破裂监测与分析手段，给岩体工程安全监测带来了新的活力，大大促进了岩体监测与分析水平的提升，为岩体工程建设水平的不断提升奠定了坚实的基础。

岩体破裂监测技术按获取信息的直接与否，可分为直接监测技术和间接监测技术。直接监测技术包括直接监听岩体破裂的监测技术，如声发射监测技术[2]和微震监测技术[3]；直接观测岩体破裂状态的监测技术，如钻孔摄像监测技术[4]；直接感知岩体破裂释放的热量、气体等监测技术，如热红外监测技术等。间接监测技术，常见的有通过应力、位移变化反应岩体破裂变化的应力-位移监测技术；通过接收人工激发信号判断岩体破裂现状的弹性波反射法（地震波发射法、水平声波剖面法、陆地声呐法等）、电磁波反射法（地质雷达法）、电探测法（电阻率法、充电法、激发极化法等）和声波法等[5,6]。

岩体破裂监测技术按监测岩体破裂过程与状态，可分为过程监测技术和状态监测技术。状态监测技术主要是监测岩体的当前破裂状态，主要监测技术有钻孔摄像监测技术、地震波反射法监测技术、水平声波剖面法监测技术、陆地声呐法监测技术、地质雷达法监测技术、激发极化法监测技术和超声波法监测技术等，这些技术虽然是状态监测技术，但也可通过长期监测反应岩体破裂的演化过程。过程监测技术主要是监测岩体破裂的演化过程，主要监测方法包括声发射监测技术、微震监测技术、热红外监测技术、应力-位移监测技术等。

对于不同的地质条件和工程条件，不同岩体破裂监测技术有不同的适用性。直接监测技术可以直接、快速地获取岩体破裂信息，适用于动态监测；间接监测技术往往是通过获取其他因素的变化来反映岩体破裂的情况和状态，适用于状态监测。对于硬岩，岩体破裂时，由于变形较小，往往难以通过变形监测来反映岩体的破裂状况，需要配合其他监测手段和方法；再比如结构面等不良结构体的变化，通过弹性波反射法和电磁波反射法往往难以精确反映其细微变化，需要配合钻孔摄像、声发射等手段进行补充测量验证。因此，岩体破裂监测应采取综合监测的思路与方法。

0.3 主要应用领域

岩体破裂监测技术已广泛应用于岩土工程各个领域，为岩土工程多种类型灾害的监测与防治做出了积极贡献，主要如下：

（1）岩爆、冲击地压等动力型灾害；

（2）岩质边坡滑移，滑坡、泥石流；

（3）采空区、采场顶板垮塌，采空区、地表塌陷；

（4）坝基、坝体、坝肩稳定性；

（5）页岩气、油气田、干热岩、地热致裂效果监测、评价及致灾机理分析；

（6）输电高压线塔稳定性评价及失稳机理分析；

（7）文物偷盗、资源越界盗采、边境越界。

随着岩石工程建设及岩体破裂监测技术的发展，还将会有更多的灾害可被监测与预防。虽然岩体破裂监测对象逐渐增多，但其主要监测对象仍为工程岩体。目前已应用的主要领域和主要监测对象如下：

（1）采矿工程：

1）露天矿山的边坡；

2）尾矿库的边坡与坝等；

3）地下矿山采场顶板与底板，巷道的拱顶、侧墙与底板，矿柱等。

（2）水利水电工程：

1）引水隧洞拱顶、侧墙与底板；

2）坝基与坝肩；

3）库岸边坡；

4）地下厂房的主厂房、副厂房、安装间、主变室、尾调室、母线洞、高压管道、尾水洞等。

（3）道路工程：

1）线路边坡；

2）隧道拱顶、侧墙与底板。

（4）油气工程。

（5）干热岩、地热、页岩气工程。

（6）核电建设和核废料处置工程。

（7）海洋勘探与开发工程。

（8）国防建设工程。

（9）边防越境、防盗采、文物保护等工程领域。

上面只是一些主要方面，我国三分之二的国土都是山地，随着国民经济的发展以及岩石工程建设和岩石力学的发展，岩体破裂监测必将会扩展到更多的监测领域，涉及更多的监测对象。

0.4　岩体破裂监测的思想与方法

如何监测才能更好地获取岩体破裂演化特征与规律，认知灾害发生的机理，更好地为岩体工程设计、建设与运营提供服务，确保工程施工与运营的安全？其基本思想和原则为"先宏观再局部，宏观与局部结合；过程与状态并重，重点区位精细化监测的综合监测思想"，即岩体破裂监测应先宏观监测，再根据宏观监测结果开展局部监测，宏观监测和局部监测互相补充、互相验证；无论是宏观监测还是局部监测，监测方案设计时岩体破裂过程和岩体破裂状态都应同时重点考量，对于监测过程中发现的高风险区位应突出精细监测，以获取更多更为可靠的灾害预警信息，为灾害预警与防治提供及时可靠的数据支撑。

岩体破裂监测方案设计方法如图 0-2 所示，具体流程如下：

首先，根据工程的地质条件、应力条件、岩性及自身特点与安全等级要求，通过经验法及数值分析法等，分析确定岩体破裂重点监测区域。

然后，设计大尺度破裂（如断层及 4 级以上结构面等）宏观监测方案，方案设计时要考虑既可以监测大尺度岩体破裂初始状态与分布，又可以监测大尺度岩体破裂随时间演化规律，监测技术可选用弹性波反射法或电磁波反射法等监测技术。

其次，依据大尺度破裂初始状态与分布，结合工程施工特征，设计重点监测区域岩体破裂实时监测方案，重点获取监测区岩体破裂演化特征与规律，监测技术可选用微震监测技术或电探测监测技术等。

再次，依据实时获取的岩体破裂信息，确定灾害可能发生的高风险区位，设计部署精细监测手段，进一步验证风险发生的可能性，局部精细监测手段可选用钻孔摄像技术、声波检测技术或声发射监测技术。

最后，依据岩体破裂综合监测结果，分析、预警灾害发生的位置、等级及概率，为灾害防治提供有力支撑。

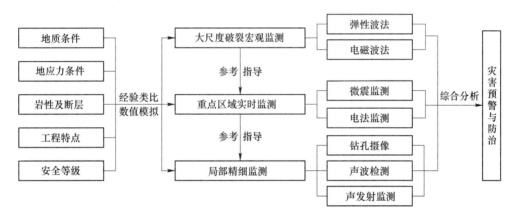

图 0-2 岩体破裂监测方案设计方法

为了便于读者理解岩体破裂监测技术，以下各章按岩体破裂"由细观到宏观，由过程到状态"监测顺序安排，章章递进，力争浅显易懂，使初学者更容易接受。第 1 章声发射监测技术主要是用来监测岩体小尺寸破裂动态演化与发展，第 2 章微震监测技术主要是用来监测岩体较大尺寸破裂动态演化与发展，二者都是通过"听"进行岩体破裂过程的监测，前者是细观尺度的监测，后者是宏观尺度的监测，二者互相补充，获取更为广泛、更为精细的破裂动态演化信息；第 3 章是声波检测技术，第 4 章是钻孔摄像监测技术，前者是通过声波波速的变化"感知"岩体破裂的演化规律与状态，后者是通过视频图像更直接地"看"岩体破裂的演化规律与状态，声波检测可以弥补视线不好时钻孔摄像的监测结果，钻孔摄像结果可以反过来校正或验证声波检测的结果，相辅相成，确保细观尺度上破裂状态监测结果的可靠性；第 5 章是地质雷达监测技术，从宏观上监测岩体破裂的初始状态和每个阶段发展的状态，从而实现岩体破裂动态演化与状态结合。最终，通过岩体破裂综合监测，达到灾害预警与防治的目的。

习题与思考题

1. 岩体破裂监测的目的与意义是什么？
2. 简述岩体破裂监测技术的定义与分类。
3. 岩体破裂监测技术目前主要监测的灾害是什么，主要在什么领域应用？
4. 岩体破裂监测设计的思想与方法是什么？

参 考 文 献

［1］冯夏庭，陈炳瑞，张传庆，等. 岩爆孕育过程的机制、预警与动态调控［M］. 北京：科学出版社，2013.
［2］沈功田. 声发射检测技术及应用［M］. 北京：科学出版社，2015.
［3］Mendecki A J. Seismic monitoring in mines［M］. 1st ed. London：Chapman and Hall，1997.
［4］王川婴，Tim L. 钻孔摄像技术的发展与现状［J］. 岩石力学与工程学报，2005，24（19）：42-50.
［5］陈成宗. 工程岩体声波探测技术［M］. 北京：中国铁道出版社，1990.
［6］杨峰，彭苏萍. 地质雷达探测原理与方法研究［M］. 北京：科学出版社，2010.

1 声发射监测技术

本章课件

本章提要

通过阅读本章，可以了解掌握如下内容：

(1) 声发射与声发射技术概念；

(2) Kaiser 效应与 Felicity 效应；

(3) 声发射监测技术基本理论与步骤；

(4) 声发射监测技术的应用。

1.1 声发射技术概述

1.1.1 声发射技术简介

声发射（Acoustic Emission，AE）是指材料在一定条件作用下发生变形或者断裂时，以弹性波方式释放能量的现象。早期的研究人员也将声发射称为应力波发射。声发射现象普遍存在于自然界中，例如人们在金属材料中听到"锡鸣"（冶炼时锡弯曲产生的声音）、管道中的裂纹产生以及岩石破裂等都有声发射现象产生。声发射现象源于材料内部非稳定状态所导致的瞬态事件[1]，其产生的信号具有较宽的频率范围，但信号强度较低。由于大多数材料变形和断裂所产生的声发射信号强度很弱，因此必须借助相应的仪器才能获取[2]。这种借助仪器测量并记录分析材料声发射信号、获取声发射源信息的技术被称为声发射技术。在声发射技术领域中，监测与检测的主要区别是应用对象及目的的不同，例如在压力容器中常用"检测"一词，而在岩石工程中常用"监测"，但均属于声发射技术。

在一定应力作用下，岩体内部有裂纹萌生与扩展产生，也会产生声发射现象。在岩石工程中，岩石因其自身结构复杂以及外界条件的差异，产生的声发射信号频率也不同，其信号频率范围可从几赫兹的次生波到数十兆赫兹的超声波。例如应力强度准则、应变强度准则等，仅仅依靠传统经验方法研究其破裂过程具有一定的难度且准确性低。通过大量试验，人们发现了不同岩体受力破坏过程中的声发射信号与岩体破裂之间的关系，并据此深入分析了岩体的破坏机制，提出了合理的破坏前兆判据，为矿山、隧道、水利等岩石工程领域的防灾减灾（岩爆、冲击地压、坍塌等）提供了支撑，因此声发射技术对岩体破裂研究具有重要价值。

1.1.2 声发射技术的发展与应用

现代声发射技术开始的标志是 20 世纪 50 年代初德国缪汉工科大学金属物理学家

Kaiser 所做的声发射研究工作[3-9]，他提出了著名的 Kaiser 效应——材料形变声发射的不可逆效应，即材料被重新加载期间，在应力值达到上次加载最大应力之前不产生声发射信号。20 世纪 60 年代，研究人员首先开始了声发射技术在无损检测领域的应用，首次将声发射技术应用于压力容器损伤检测方面的研究；随后，世界上多个国家对声发射技术重视起来，研究对象从金属拓展到其他多种材料。Fowler 在监测纤维增强塑料容器管道过程中，发现了复合材料声发射的重要准则——Felicity 效应，即材料重复加载时，重复荷载到达原先所加最大荷载之前产生明显发射信号的现象。20 世纪 80 年代中期开始，随着硬件与软件的发展，声发射技术在仪器研制、信号处理、基础性实验等方面都取得了重大进展，声发射进入工程应用与理论研究全面发展阶段；目前，声发射仪器生产厂家开发生产了多种强大的多通道声发射检测系统，极大地拓宽了声发射技术的应用范围，并涉及工业、交通安全、航空和材料研究等多个领域。同时，信号处理方法的发展也促进了声发射信号处理软件的成熟，为获取声发射源信息和监测损伤裂纹提供了有力的技术手段。

在岩石工程中，20 世纪 30 年代起，美国工程师就利用超声检测矿柱发现了声发射现象，此外也有研究人员利用声发射技术进行了矿山崩塌预测与岩爆监测预警。20 世纪 60 年代开始，人们逐渐将声发射技术应用于岩石工程中，各国学者在前人研究的基础上，从原本的矿山隧道安全性问题研究扩展到岩石材料本身声发射特性、边坡稳定、岩爆监测与预警、岩石破裂机理、地震序列、地应力测试、围岩损伤等研究；20 世纪 70 年代国内引入声发射技术后，陈颙较早开展了室内岩石声发射试验研究，阐述了声发射技术在岩石力学领域中的应用，发现岩石声发射行为不仅与应力状态有关，还与应力变化有关；20 世纪 90 年代，人们逐渐意识到岩石破裂过程的声发射特征还与岩石材料本身性质、加载条件以及外界环境等因素有关，对此研究人员进行了大量的试验研究，弥补了国内岩石声发射方面的空缺。概括来讲，岩石工程中的声发射应用主要分为岩体性质研究与工程应用两个方面：

（1）岩体物理力学性质。岩石属于非金属材料，截至目前，国内外学者已对不同条件下岩石破坏的声发射特性进行了大量研究。其主要研究内容包括：岩体中声发射波的研究，岩体破裂过程中声发射信号与微观力学、断裂力学的关系研究，不同加载条件下各种岩石的声发射特性研究。

（2）工程应用。在工程中声发射技术主要应用于两个方面：

1）地应力测量。利用 Kaiser 效应来测量地应力，即在所受应力超过岩体所经受的最大应力时会激发 Kaiser 效应，产生大量的声发射信号。这种方法可简便地获得大量实测数据且数据可靠度和准确性较好。

2）动力灾害监测。声发射监测技术是研究分析岩体破裂的重要手段之一，工程岩体在破坏之前，会以声发射形式释放积蓄的能量，这种能量释放的强度，随着结构临近失稳而发生变化，通过实时监测声发射信号来获取和分析岩体内部破裂状态的变化信息，进行岩体破裂与稳定性评价；同时，可以基于试验研究分析岩体破裂的声发射前兆信息。通过对岩体破裂进行声发射实时监测，判定岩体破裂状态及其位置，从而对岩体塌方、冒顶、片帮、滑坡和岩爆等灾害现象进行防治与预警，为岩石工程稳定性分析与评价提供试验与理论基础。

1.1.3 声发射技术特点

声发射技术被用于岩石工程等诸多领域，主要特点有[10,11]：

（1）动态实时监测。声发射技术能够进行动态实时监测，提供材料随载荷、时间、温度等外部变量变化的实时或连续信号，实时监测裂纹和缺陷的萌生、发展和贯通，特别适用于过程监控以及早期或临近破坏的预警。

（2）监测区域面积大、效率高。通过利用多通道声发射仪器可在一次监测中对大型、复杂设备做出结构完整性评价，并确定缺陷位置，操作简便、快速，经济效益十分显著。

（3）应用范围广泛。声发射监测适用于几乎所有材料，并且不受对象的几何形状、尺寸、工作环境等因素影响。

（4）被动式监测。声发射信号能量来自被监测对象本身，而不是由仪器提供，因此，监测过程不会对设备的正常工作造成影响。

（5）不干扰施工。对于施工中项目的定期监测，声发射监测方法无需停工。

声发射监测也有一定的局限性。比如声发射对材料敏感，声发射监测的是机械振动信号，并将其转换成电信号，然后根据电信号来解释材料结构内部的损伤，但是在监测过程中易受到噪声干扰，信号特征复杂，这就要求试验人员具备相应的理论知识和实践经验；声波传播过程十分复杂，且声发射信号本身具有突发性和不确定性，波的衰减、反射、模式转换都会导致仪器接收的信号与声发射源的原始信号存在差异，从而影响对声发射源相关信息的辨识。

1.2 声发射技术基础

1.2.1 声发射源

外部条件作用下材料所产生的变形与裂纹，是结构失效的重要机制，这种直接与变形和断裂机制有关的源，称为声发射源。在声发射监测中，需要找到声发射源的位置，并分析源的性质，进而评价岩体的稳定性，因此需要了解各种声发射源的产生方式。岩石材料中的许多机制均可产生声发射，如图 1-1 所示[12]。

岩石属于非金属材料，具有一定的脆性，强度较高，但韧性较差，因此其声发射源主要为断裂，具体表现为微裂纹和宏观裂纹开裂。此外还包括塑性变形、相变和表面效应，这些破坏方式均会产生声发射。岩石的塑性变形是指外力撤除后岩石的外形和尺寸不能完全恢复而产生残留变形。岩石的塑性变形主要分为滑移变形、孪生变形和裂纹闭合。滑移变形是指在力的作用下，一部分晶体沿着晶面（滑移面）和一定晶向（滑移方向）相对另一部分发生相对位移的现象；孪生变形是指在力的作用下，一部分晶体以一定的晶面（孪生面）为对称面和一定的晶向（孪生方向）与另一部分发生相对切变的现象，如图 1-2 所示。裂纹闭合是指岩石本身就存在微裂隙，在力的作用下裂隙闭合。岩石相变指在一定条件下岩石物质从一种相转变为另一种相的过程。岩石的表面效应是在岩石表面的那些组元，所处的环境和所受的相互作用情况都和在岩石内部的那些组元有所不同，这就造成表面部分和内部部分的性质有所不同。

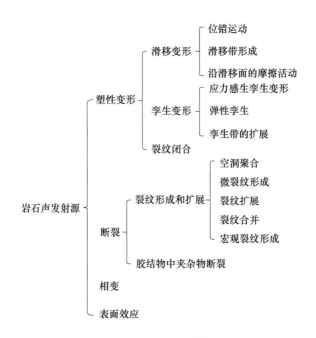

图 1-1   岩石中的声发射源类型

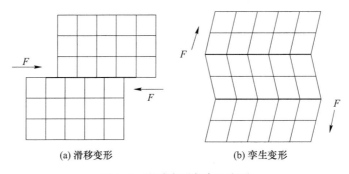

(a) 滑移变形   (b) 孪生变形

图 1-2   滑移变形与孪生变形

1.2.2   声发射波

1.2.2.1   声发射波的传播

岩石声发射现象会产生不同类型波，这些波的运动方程均可以由弹性力学相关知识导出[13]。以图 1-3 中的无限小立方体为分析对象，其密度为 ρ，dx、dy 和 dz 分别为该立方体沿 x、y、z 三个方向的边长。根据弹性力学基本理论，弹性波在无限均质各向同性弹性介质中的运动方程如下：

$$\rho \frac{\partial^2 u}{\partial t^2} = (\lambda + G) \frac{\partial \theta}{\partial x} + G \nabla^2 u \qquad (1\text{-}1\ (a))$$

$$\rho \frac{\partial^2 v}{\partial t^2} = (\lambda + G) \frac{\partial \theta}{\partial y} + G \nabla^2 v \qquad (1\text{-}1\ (b))$$

$$\rho \frac{\partial^2 w}{\partial t^2} = (\lambda + G) \frac{\partial \theta}{\partial z} + G \nabla^2 w \qquad (1\text{-}1 \text{（c）})$$

式中，u、v、w 分别为 x、y、z 方向的位移；λ 和 G 为 Lame 常数，其中 $\lambda = \dfrac{E_0 \nu}{(1+\nu)(1-2\nu)}$（$E_0$ 为弹性模量，ν 为泊松比）；θ 为体积应变；∇^2 为笛卡尔坐标系下的拉普拉斯算子，且有 $\nabla^2 = \dfrac{\partial^2}{\partial x^2} + \dfrac{\partial^2}{\partial y^2} + \dfrac{\partial^2}{\partial z^2}$。

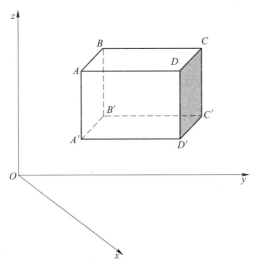

图 1-3　波动方程原理图

首先，将式（1-1）中的三个方程式分别对 x、y、z 求偏微分并相加，可得到对体应变 θ 而建立的运动方程：

$$\frac{\partial^2 \theta}{\partial t^2} = \frac{\lambda + 2G}{\rho} \nabla^2 \theta \qquad (1\text{-}2)$$

然后，将式（1-1）中的后两个方程式分别对 y、z 求偏微分并相减，即可将体应变 θ 消去而得到式（1-3）。

$$\rho \left[\frac{\partial^2}{\partial t^2} \left(\frac{\partial w}{\partial y} - \frac{\partial v}{\partial z} \right) \right] = G \nabla^2 \left(\frac{\partial w}{\partial y} - \frac{\partial v}{\partial z} \right) \qquad (1\text{-}3)$$

令 $\omega_x = \dfrac{\partial w}{\partial y} - \dfrac{\partial v}{\partial z}$ 可得下式：

$$\rho \frac{\partial^2 \omega_x}{\partial t^2} = G \nabla^2 \omega_x \qquad (1\text{-}4 \text{（a）})$$

同理可得：

$$\rho \frac{\partial^2 \omega_y}{\partial t^2} = G \nabla^2 \omega_y \qquad (1\text{-}4 \text{（b）})$$

$$\rho \frac{\partial^2 \omega_z}{\partial t^2} = G \nabla^2 \omega_z \qquad (1\text{-}4 \text{（c）})$$

式中，ω_x 为相对于 x 轴的旋转分量；ω_y 为相对于 y 轴的旋转分量；ω_z 为相对于 z 轴的旋转分量。式（1-4）为旋转分量 ω 的（相对于 x，y 和 z 轴旋转）波动方程，与体积膨胀无关。

对于体应变的传播，其质点的振动方向和波的传播方向一致（图 1-4（a）），所以称这种波为"纵波"，又由于其传播速度较快，最先测得，故又称之为"初至波"（Primary Wave），简称 P 波。P 波可在固体、液体、气体介质中传播。其传播速度只与传播介质的力学性质有关；对理想的均匀各向同性介质而言，P 波传播速度为：

$$v_P = \sqrt{\frac{\lambda + 2G}{\rho}} \tag{1-5}$$

对于旋转分量的传播，由于质点的振动方向和波的传播方向垂直（图 1-4（b）），所以称该波为"横波"，又由于传播速度相对纵波速度较慢，次而测得，故又称之为"次至波"（Secondary Wave），简称 S 波。固体介质有切变弹性，而液体和气体没有切变弹性，因此 S 波只能在固体介质中传播。与 P 波一样，对于特定介质而言，横波传播速度为常数。对理想的均匀各向同性介质而言，S 波传播速度为：

$$v_S = \sqrt{\frac{G}{\rho}} \tag{1-6}$$

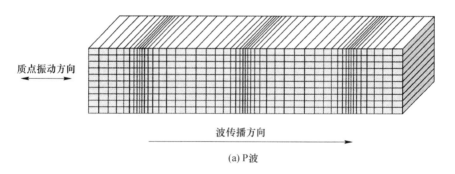

(a) P 波

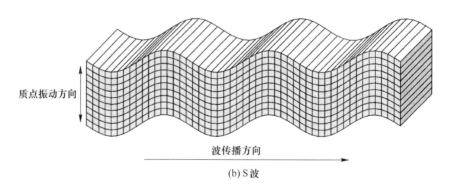

(b) S 波

图 1-4　声发射波传播机制

P 波和 S 波是两种基本的、由声发射源直接激发的声发射波模式，也是在岩石工程声发射监测中主要监测和分析的波。

1.2.2.2　声发射波的传播速度

实际上岩体为非理想弹性介质，许多因素都会影响声发射波在岩石中的传播速度，如岩体弹性参数、岩体结构、应力状态、抗压强度、岩性、密度以及湿度等[14]。

（1）岩体弹性参数与波速之间的关系：大多数岩石都服从基于弹性理论的虎克定律，P 波和 S 波与岩体弹性模量之间有着对应的数理关系，P 波反应岩体拉伸和压缩变形，只受法向控制，表征了岩体强度和变形特征；S 波反应岩体剪切变形，受剪切强度控制。

（2）岩体结构与波速之间的关系：应力波传播会导致岩体形变，岩体形变又主要表现为各种类型结构面的闭合、充填物的压密以及结构不均匀的剪切形变。岩层层理、节理、裂隙等结构面有一定张开角度，在压应力作用下产生闭合变形，在拉应力作用下产生张开变形，因此岩体强度较完整岩石强度低。如果这些形变过程中所产生的裂隙（如卸荷裂隙或风化裂隙）、张开断裂面、节理、层理等构造，在外力作用下尚不足以闭合，动应力传递困难，形成不连续界面，则结构面使岩石中波动过程变得复杂化，即产生断层效应，如反射、折射、绕射、散射、吸收等现象，特别是裂隙、节理、片理、层理发育的岩体，且在岩体中存在着许多间断线或间断点，在这些岩体不连续处，将发生波的绕射现象，从而导致波速变慢。

（3）应力状态与波速之间的关系：岩体在应力作用下，裂隙、节理等结构面闭合，岩体变得致密，弹性波波速变快，尤其在受荷载作用初期，速度上升明显。

（4）抗压强度与波速之间的关系：P 波和 S 波的波速与岩体的弹性模量成正相关关系，岩体抗压强度高的岩体波速大。

（5）岩性与波速之间的关系：岩性指岩石的组成、成分、颗粒、晶体及分布的综合概念，岩石种类不同其物理性质不同，波速也会有差别。如煤和岩石由矿物颗粒固结而成，都是非均匀体，其间存在着大量的微观裂隙，裂隙里充填着其他固体、液体和气体物质，即存在许多交界面，这些交界面对声波形成无数的微观反射面和折射面，当声波频率低且波长远大于矿物颗粒直径时，这些微观结构面（即交界面）对声波传播的影响极小；然而当声波频率高，波长较短且不大于矿物粒径的 3 倍时，波速就会受到影响而降低。

（6）岩体密度与波速之间的关系：有研究表明，当岩体的孔隙度（或裂隙）很小或岩体密度较大时，岩体的动弹性模量急剧上升，动弹性模量受密度影响更大，从而岩体密度增大，波速变快。

（7）岩石湿度与波速之间的关系：岩石孔隙率的大小，特别是孔隙率的饱水程度，对岩体波速影响较大，相同岩性岩石的孔隙率越大，其传播速度相对较小。

1.2.2.3　声发射波的衰减

衰减是指声波的振幅随着离开声源距离的增加而减小，实际工程中，岩体并非理想弹性介质，波在其传播过程中会发生波动能量衰减，其衰减形式主要体现在波的散射和吸收上。声发射波在传播中的振幅变化为：

$$U = \exp\left(\frac{-\pi f d}{vQ}\right) \quad\quad (1-7)$$

式中，U 为振幅的变化率；f 为声发射频率，Hz；d 为声发射波的传播距离，m；v 为声发射波的传播速度，m/s；Q 为材料本身的衰减特性值。由此可知声发射波在岩体介质传播过程中的衰减主要取决于声发射波频率、传播速度、传播距离以及材料本身的衰减特性值。

（1）声发射波频率对声发射波振幅衰减的影响：在一定的情况下，声发射信号频率越高衰减越大。若岩体传播速度、传播距离和衰减特性为确定值，则可得到声发射波振幅随频率的变化规律，由此可确定传感器的响应频率范围，同时为传感器的设计提供依据。

（2）声发射波传播速度对声发射波振幅衰减的影响：一定条件下，声发射波传播速度越低，衰减越大。声发射波在固体介质中的传播速度与介质自身属性有关。

（3）声发射波传播距离对声发射波振幅衰减的影响：由式（1-7）可得当声发射波的传播距离越远，其振幅衰减越大。

（4）材料本身的衰减特性值对声发射波振幅衰减的影响：材料本身的衰减特性值 Q 越大，衰减越小，完全弹性体 Q 值可为无穷大，材料本身的衰减特性值 Q 定义如下：

$$Q = \frac{2\pi E}{\Delta E} \tag{1-8}$$

式中，E 为能量；ΔE 为岩石传播一个波长距离时的损失能量。

在常规测试范围内，岩石的 Q 值与声发射波频率无关，而与岩体本构方程有关，岩体蠕变越明显，Q 值越小；岩体中胶结物和晶粒间弹性模量差越大，微裂隙越多，散射和摩擦衰减越大，Q 值越小；声发射波通过宏观结构面产生透射损失，结构面越发育，透射损失越大，实际岩体的 Q 值越小；巷道掘进造成裂缝扩展增多，岩体越不稳定，Q 值越小。对于不稳定的松散岩体，通常 $Q<8$；对于较稳定，裂隙不太发育的岩体 $Q=8\sim15$；对于裂隙不发育且较坚硬致密岩体，通常 $Q>15$。

1.2.3　信号特征与参数

Kaiser 提出了突发型和连续型声发射信号的概念；如果声发射事件信号是断续的，且在时间上可以分开，那么称这种信号为突发型声发射信号；相反，如果大量的声发射事件同时发生，且在时间上不可分辨，就称这种信号为连续型声发射信号，如图 1-5 所示。

岩体破裂产生声发射现象，通过监测设备，获取相关事件声发射信号。在分析声发射信号时使用一些参数对声发射源的特征进行分析和判断，常用的参数有撞击数、事件计数、振铃计数、能量和上升时间等，如图 1-6 所示。

（1）撞击（Hit）：超过门限并使某一通道获取数据的任何信号称为一个撞击。该参数反映声发射活动的总量和频度，常用于声发射活动性评价。

（2）振铃计数（Count）：指波形超过某一设定的门槛电压形成矩形脉冲的次数。在一定程度上可反映声发射信号中的幅度，能够粗略地反映强度和频率，广泛用于声发射活动性评价，但受门限值大小的影响。

振铃 U_t 与振铃计数 n 参数表达式（以时间 t 为横坐标）：

$$U_t = U_{\mathrm{P}} \mathrm{e}^{-\beta n / f_0} \tag{1-9}$$

$$n = \frac{f_0}{\beta} \ln \frac{U_{\mathrm{P}}}{U_t} \tag{1-10}$$

式中，β 为波的衰减系数；U_{P} 为峰值电压；f_0 为波形振荡频率。

（3）事件计数（Event）：产生声发射的一次材料局部变化称为一个声发射事件，可分为事件计数率、总事件数。一个阵列中，一个或几个撞击对应一个事件，可以反映声发射事件的总量和频率，常用于声发射活动性和定位集中度评价。

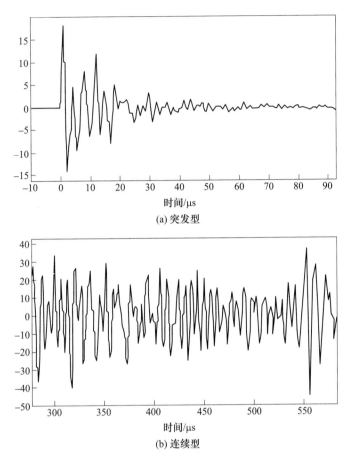

(a) 突发型

(b) 连续型

图 1-5 声发射中的突发型与连续型信号

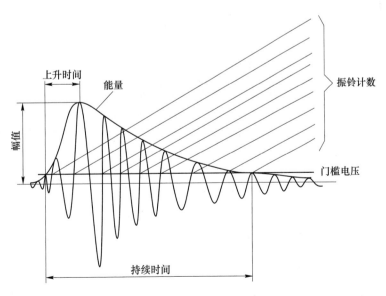

图 1-6 声发射参数定义

（4）峰值幅度（Amplitude）：信号的最大振幅值，有时也简称幅值。声发射系统中一般通过下式将其实际值转换为分贝（dB）值：

$$Amp = 20\log V_p \tag{1-11}$$

式中，Amp 为峰值幅度；V_p 指系统采集到的波形峰值，μV。峰值幅度可以用以声发射源的类型鉴别、强度或衰减测量。

（5）能量（Energy）：在实际应用中，常用信号幅度的平方、事件的包络、持续时间的长短或者事件包络的面积作为能量参数。虽然不是物理意义上的能量，但是对于评价和衡量材料的断裂、损伤程度具有重要意义，能反映事件的相对能量和强度；对门限、工作频率和传播特性不是很敏感，可取代振铃计数，也可用于波源的类型鉴别。

能量 E 参数表达式（以时间 t 为横坐标）：

$$E = \frac{1}{R}\int_0^\infty U^2(t)\,\mathrm{d}t \tag{1-12}$$

式中，R 为电压测量线路的输入阻抗；$U(t)$ 表示与时间有关的电压。

（6）上升时间（Rise Time）：信号第一次越过门槛到最大振幅所经历的时间间隔。可用于机电噪声鉴别。

（7）持续时间（Duration）：信号第一次越过门槛到最终降至门槛所经历的时间间隔。与振铃计数十分相似，常用于特殊波源类型和噪声的鉴别。

（8）到达时间（Arrival Time）：一个声发射波到达传感器的时间，以 μs 表示，其决定了波源的位置、传感器间距和传播速度，常用于波源的位置计算。

（9）到时差：指同一声发射波到达各个传感器的时间差，取决于波源位置、传感器阵列、传感器间距和波传播速度，用于波源位置的计算。

（10）有效值电压（V_{RMS}）：采样时间内信号的均方根值，以 V_{RMS} 表示。直接与声发射能量相关，是表征声发射信号的主要参数之一，测量简便，不受门槛的影响，主要用于连续型声发射活动性评价。

有效值电压 V_{RMS} 参数表达式（以时间 t 为横坐标）：

$$V_{\mathrm{RMS}} = \sqrt{\frac{1}{\Delta T}\int_1^{\Delta T} V^2(t)\,\mathrm{d}t} \tag{1-13}$$

式中，ΔT 为平均时间；$V(t)$ 为随时间变化的信号电压。

（11）平均信号电平（ASL）：指采样事件内信号电平的平均值，提供的信息和用途与 RMS 相似。对幅度动态范围要求高而时间分辨率要求低的连续型信号尤为有效，还适用类似于环境噪声水平的测量。

（12）频谱：即频率的分布曲线。频谱分析主要测量各种频率成分的声发射信号幅度，目的是区别不同声发射源与揭示声发射源的发声机制。

（13）外变量：试验过程外加变量，包括时间、载荷、位移、温度及疲劳周次等，不属于信号参数，但属于声发射信号参数的数据集，用于声发射活动性分析。

1.2.4 Kaiser 效应与 Felicity 效应

前文中提到德国人 Kaiser 研究各类金属材料的声发射特性，并发现了一定规律。声发射过程具有不可逆性（或记忆性），即当材料加载到一定应力水平产生声发射信号，经卸载后，重新加载时必须超过前一次加载的最大载荷才会有新的声发射信号出现，这种不可逆性称为 Kaiser 效应。Kaiser 效应在岩体声发射技术中有着重要用途，例如新生裂纹扩展过程声发射监测以及岩石、山体在地质变化过程中所受最大地应力的测量。

但是，也有一些材料因其性质和损伤机理不同而不符合 Kaiser 效应。当材料重复加载时，重复载荷达到原先所加最大载荷之前就发生明显声发射的现象，称为 Felicity 效应，也可认为是反 Kaiser 效应。Felicity 比（FR）为再次加载过程中大量声发射产生时所对应的应力值（P_{AE}）与历史最大应力（P_{MAX}）之比：

$$FR = \frac{P_{AE}}{P_{MAX}} \tag{1-14}$$

它反映了加载历史对材料或构件的影响，其值越小，表明材料或构件在某一载荷水平下的损伤越严重。当材料的 $FR>1$ 时，其产生声发射的过程满足 Kaiser 效应，当 $FR<1$ 时，满足 Felicity 效应[15]。

图 1-7 展示了 Kaiser 效应与 Felicity 效应测试图。第二循环中声发射现象发生时的应力等于历史最大应力（$P_{AE}=P_{MAX}$），这种现象就是 Kaiser 效应。如图中第 n 循环，如果施加应力越来越接近岩石的破裂强度时，声发射现象发生时的压力水平会低于历史最大应力（$P_{AE}<P_{MAX}$），这种现象就是 Felicity 效应。

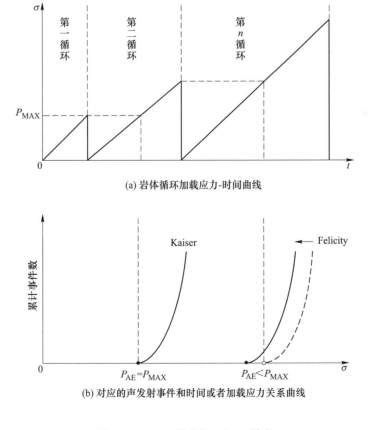

(a) 岩体循环加载应力-时间曲线

(b) 对应的声发射事件和时间或者加载应力关系曲线

图 1-7　Kaiser 效应与 Felicity 效应

Kaiser 效应与 Felicity 效应是描述材料同一性质的两个对立统一的方面，它们在一定程度上反映了材料自身固有的性质，为评价材料或构件的损伤严重程度提供了重要依据。不同材料有着不同的 Felicity 比，组分相同而热处理状态不同的材料也可能表现出不同的效应。此外，材料表现为 Kaiser 效应还是 Felicity 效应，还与试验条件、载荷水平和加载速率等多种外部因素有关。

1.3 岩体声发射监测技术

1.3.1 声发射监测系统

1.3.1.1 基本原理

声发射源发出信号，然后通过传感器进行声电转换，输出电信号，再经过放大器放大信号，最后经过处理系统、采集系统和显示系统对声发射源产生的信号进行处理与记录，解读声发射源信息，最后进行外部输出、显示监测结果。在岩石工程中，通过对岩体破裂信号的监测与分析，可以监测岩体裂隙发展状况与破裂程度，对声发射源进行定位，分析裂隙萌生发展过程和趋势，合理研究岩体破裂前兆信息。

1.3.1.2 系统组成

声发射采集系统一般由声发射传感器、线缆、前置放大器、主放大器、滤波器、门限比较器及其相应的计算机数据处理与分析软件以及显示设备等仪器组成（图 1-8），形成从信号的探测接收到传输调理再到外部显示的一个完整流程。而随着现代技术的发展，声发射采集系统实现了一体化，声发射监测仪器按最终存储的数据方式分为参数型、波形型及混合型。参数型仪器最终存储的是到达时间、振幅、计数、能量、上升时间、持续时间等声发射波形信号的特征参数数据，数据量小，数据通信和存储容易，但信息量相对波形数据少；波形型仪器最终存储的是声发射信号波形数据，数据量大，是特征参数数据的上千倍，信息丰富，对数据通信和存储要求高；研究人员可依据研究内容选择合适的声发射监测仪器。

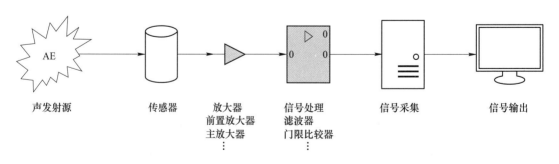

图 1-8 声发射监测系统组成

A 声发射传感器

声发射传感器又称声发射探头，其作用是把接收的声发射波转换为电信号。它直接与被测试件接触，是监测系统的首要环节，其性能尤其是动态响应特性对捕捉到岩石的真实声发射信号影响极大。目前的传感器主要分为室内试验声发射探头和工程用一体式传感器（图1-9），其主要区别在于一体式传感器中集成了前置放大器，而室内探头没有。

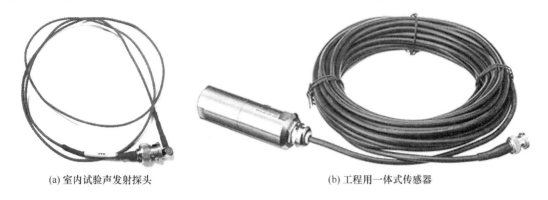

(a) 室内试验声发射探头　　　　　　　　(b) 工程用一体式传感器

图1-9　室内试验声发射探头与工程用一体式传感器

B　电缆

传感器接收到信号进行声电信号转换后，需要通过信号电缆传输到前置放大器，经放大后的信号经供电电缆传输到声发射采集处理主机，最终通过数据电缆将处理结果传输到外部显示设备。目前，常用的声发射信号电缆有同轴电缆、双绞线电缆和光导纤维电缆。

C　前置放大器

在声发射监测系统中，每个声发射传感器输出端需连接一个低噪声前置放大器，如图1-10所示。但某些特殊情况下，为了减少由电缆引入的干扰，将传感器与前置放大器做成一个整体，称为前放内置式传感器，如图1-9中的一体式传感器。

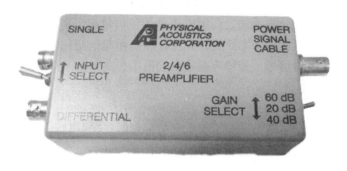

图1-10　前置放大器

前置放大器的作用：一是匹配后置处理电路与检测器件之间的阻抗，将传感器的高输出阻抗转换为低阻抗输出；二是将传感器接收的微弱的声发射信号进行放大，从而使声发射信号不失真地被利用。

前置放大器的要求：一是低噪声，任何放大器本身就是一个噪声源，噪声水平取决于放大器的频带宽度、输入阻抗大小与环境温度等因素，频率范围越宽噪声水平越高；二是高带宽，足够的带宽是保证不失真传输声发射信号的前提，通常为2kHz~1MHz；三是高增益，声发射传感器匹配的前置放大器通常提供40dB的增益，有的匹配有20dB、60dB附加增益，以备选用，增益计算公式如式（1-15）所示；四是动态范围，前置放大器动态范围应尽可能大，以适应宽的信号幅度范围，一般为60~80dB；五是低输出阻抗和足够的负载能力及良好的线性和抗干扰能力，在结构上要求紧凑良好的接地与屏蔽。

$$G_{dB} = 20\lg \frac{V_0}{V_1} \tag{1-15}$$

式中，G_{dB} 为增益，dB；V_0 为前置放大器输出的电压；V_1 为前置放大器输入的电压。

D 主放大器

声发射信号经前置放大器放大后再传输到采集处理主机前，需经过主放大器对其进行二级放大以提高系统的动态范围。主放大器的输入是前置放大器输出的模拟信号，输出是放大后的模拟信号。主放大器需具有一定的增益，与前置放大器一样，要具有一定的频带宽度，在频带宽度范围内增益变化量不超过3dB；另外，还要具有一定的负载能力和较大的动态范围；为了更好地适用于不同幅度、不同频带的声发射信号，主放大器往往具有调整放大倍数、调节频带范围等功能。

E 滤波器

在实际工程中要得到准确的检测结果，须使用合适的滤波器，使被测信号频率不超出滤波器的带宽，并将无用频率信号滤除。滤波器通常使用的有高通滤波器、低通滤波器及带通滤波器。一般推荐低通滤波器设置高于被测信号频率的3倍，高通滤波器设置低于被测信号频率的1/10，对于岩石类材料，建议使用频率为数千赫兹到百千赫兹的高通滤波器。

F 门限比较器

门限比较器是将输入声发射信号与设置的门限电压进行比较，使高于门限电压的信号通过，滤除低于门限电压的信号，达到剔除背景噪声的目的。门限电压可以分为固定门限电压和浮动门限电压两种。对于固定门限电压可调整信号水平范围，采用AD转换器件产生需要的门限电压；而浮动门限电压受背景噪声影响而起伏变化，采用浮动门限能够更好地采集真正有用的声发射信号，受噪声起伏影响极小。

1.3.2 声发射信号分析方法

声发射信号的分析是对岩石破裂过程研究与评价的基础，目前常用的声发射信号处理分析方法有参数分析方法和波形分析方法。

1.3.2.1 参数分析方法

在1.2.3节中介绍了声发射信号一些基本参数的含义与特点。参数分析方法是一种相对成熟的方法，可以利用声发射参数进行稳定性综合分析与评价，具有快速、简便、实时、准确的特点。图1-11显示了某个花岗岩应力应变曲线与声发射事件数、累计事件计数的关系。由图中可以看出，在应力达到一定水平时开始有声发射事件产生，在剧烈破坏前（图中五角星处为剧烈破坏时刻）有较多的声发射事件产生[16]。

1.3.2.2 波形分析方法

波形分析方法是基于声发射波形的定量分析方法，其目的是了解所获得的声发射波形的物理本质，将声发射波形与声发射源机制相联系。与波形特征参数相比，波形分析方法

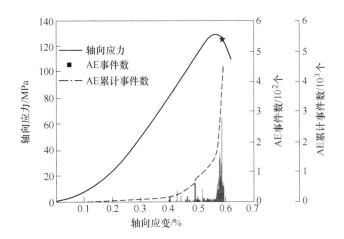

图 1-11 某花岗岩应力应变曲线与声发射事件数、累计事件计数图

具有能够区分信号与噪声的能力。原始波形中包含更全面的破裂信息，并非直接对声发射信号的某个或者某些特征参数进行分析，而是基于监测到的完整声发射信号波形，通过利用包含不同算法的相关处理软件进行分析，提取或增强信号中的有关信息，反演岩石的破裂机制。

基于波形的信号处理方法主要包括时域分析、频域分析和时频分析。时域分析是描述信号在时间域的完全信息，常用的统计特征参数是波形时域特征描述参数，如最大幅值、相关函数等。频域分析是以傅里叶分析为基础，通过数学变换描述信号在频域上特征的方法，其中傅里叶变换应用最为广泛。连续信号的傅里叶变换（Fourier Transform，FT）定义为：

$$F(\omega) = \int_{-x}^{+x} f(t) e^{-j\omega t} dt \tag{1-16}$$

其反变换为：

$$f(t) = \frac{1}{2\pi} \int_{-x}^{+x} F(\omega) e^{j\omega t} d\omega \tag{1-17}$$

式中，$f(t)$ 为连续信号；$F(\omega)$ 为该连续信号的频谱。以上两式说明时域的 $f(t)$ 和频域的 $F(\omega)$ 可以相互转化。

实际上，我们采集到的信号均为等时间间隔的离散信号，上述公式并不能直接使用，所以通常使用如下形式的离散傅里叶变换（Discrete Fourier Transform，DFT）：

$$F(m) = \sum_{k=0}^{N-1} f(k) W_N^{mk} \quad (m = 0, 1, \cdots, N-1) \tag{1-18}$$

其反变换为：

$$f(k) = \frac{1}{N} \sum_{m=0}^{N-1} F(m) W_N^{-mk} \quad (k = 0, 1, \cdots, N-1) \tag{1-19}$$

式中，$f(k)$ 为待分析的离散信号；$F(m)$ 为相应的离散频谱，$W_N = e^{-j\frac{2\pi}{N}}$。

实际在进行计算时多采用快速傅里叶变换（Fast Fourier Transform，FFT），但其只是DFT 的一种快速计算形式，FFT 计算结果与 DFT 计算结果完全相同。

上述的时域分析和频域分析只能分析时域或频域的特征参数，不能揭示不同时刻对应的频域特征，而时频分析则可以分析不同时刻信号的频域分布，其展示的信息也更加丰富。常用的时频分析方法包括短时傅里叶变换、小波分析和 Hilbert-Huang 变换等方法。

参数分析方法与波形分析方法都具有一定的局限性。在参数分析方法中，参数通常设定在某一阈值下提取，容易受到环境噪声的干扰，不同的参数设置会导致不同的结果。而在波形法中，由于耗散和几何扩散效应，无法监测到所有声发射信号，许多微弱的信号在到达材料表面时就被吸收掉了，难以存储所有波形，因此更适用于小尺度岩体的分析监测，同时其采样频率要大于 1MHz。基于参数与波形两种方法，提出了许多新的信号分析处理方法，详见表 1-1[17]。

表 1-1　声发射信号处理方法分类

类型	方法	具 体 内 容
按确定性信号处理	参数分析	有效值 振铃计数和振铃计数变化率 事件数和事件变化率 能量 频度分布 上升时间 脉冲宽度（持续时间）
	时域（波形）分析	P 波 S 波 相关函数
	频域分析	傅里叶分析 功率谱密度 特征频率段 不同频率段功率比
	时频分析	短时傅里叶变换 小波分析 Hilbert-Huang 变换
按随机信号处理	稳态随机信号	正态分布参数 幂指数分布参数 对数正态分布参数 时序分析（自回归分析） 自回归谱
	非稳态随机信号	上升时间 脉冲宽度（持续时间） 时序分析（自回归分析） 自回分谱
其他方法	机器学习	聚类分析 支持向量机 深度学习

1.3.3　声发射源定位

在现场声发射监测中，通过声发射源定位，寻找裂纹产生的位置，对于岩石破裂失稳机制的研究与现场施工意义重大。声发射源位置可通过该声发射事件所触发的传感器信息来确定，其定位算法种类众多，具体如表 1-2 所示[18-20]。

表 1-2　声发射源定位方法分类

类型	定位方法
按维度	一维定位 二维定位 三维定位
按方法原理	时差定位 区域定位 基于模态分析 小波定位 神经网络
按算法	最小二乘法 联合反演法 慢度离差法 相对定位法 Geiger 定位算法 单纯形定位算法

声发射定位方法众多，下面仅介绍一种常用的定位方法——时差定位。时差定位是利用传感器接收声发射信号的时间差来进行计算声发射源的空间位置。由于最先采集到的声发射波是 P 波，所以基于传感器之间拾取 P 波的相对时差进行声发射源定位。

$$(x_i - x_0)^2 + (y_i - y_0)^2 + (z_i - z_0)^2 = v_P^2 \cdot (t_i - t_0)^2 \qquad (1-20)$$

式中，x_i、y_i、z_i 为第 i 个接收到 P 波的传感器坐标值；x_0、y_0、z_0 为声发射源位置坐标；v_p 为 P 波波速；t_i 为第 i 个传感器接收到 P 波的时间；t_0 为声发射源发出信号时间。

用第 i 个减去第 k 个传感器的走时方程得到线性方程组：

$$2(x_i - x_k)x_0 + 2(y_i - y_k)y_0 + 2(z_i - z_k)z_0 - 2v_P^2(t_i - t_k)t_0$$
$$= x_i^2 - x_k^2 + y_i^2 - y_k^2 + z_i^2 - z_k^2 - v_P^2(t_i^2 - t_k^2) \qquad (1-21)$$

写成矩阵形式为 $AX = b$，展开式如下：

$$A = \begin{bmatrix} x_1 - x_2 & y_1 - y_2 & z_1 - z_2 & -v_P^2(t_1 - t_2) \\ x_2 - x_3 & y_2 - y_3 & z_2 - z_3 & -v_P^2(t_2 - t_3) \\ \vdots & \vdots & \vdots & \vdots \\ x_{i-1} - x_i & y_{i-1} - y_i & z_{i-1} - z_i & -v_P^2(t_{i-1} - t_i) \end{bmatrix}, \quad X = \begin{bmatrix} x_0 \\ y_0 \\ z_0 \\ t_0 \end{bmatrix} \qquad (1-22)$$

$$b = 0.5 \times \begin{bmatrix} x_1^2 - x_2^2 + y_1^2 - y_2^2 + z_1^2 - z_2^2 - v_P^2(t_1^2 - t_2^2) \\ x_2^2 - x_3^2 + y_2^2 - y_3^2 + z_2^2 - z_3^2 - v_P^2(t_2^2 - t_3^2) \\ \vdots \\ x_{i-1}^2 - x_i^2 + y_{i-1}^2 - y_i^2 + z_{i-1}^2 - z_i^2 - v_P^2(t_{i-1}^2 - t_i^2) \end{bmatrix} \qquad (1-23)$$

上式中，波速通过室内或现场测定。对于岩石来说，由于现场岩石裂隙较多，而实验室内的岩石岩样裂隙少，且受到后期加工的影响，会导致实验室内仪器测量的波速与现场测定的波速产生差异，不同场合应注意区分。

上式利用最小二乘法等方法，可以确定声发射源位置。图 1-12 所示为某花岗岩试样破坏过程的波形图破裂定位结果图。

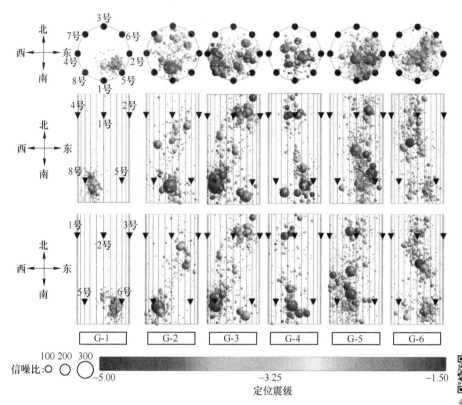

图 1-12　某花岗岩试样破坏过程破裂定位结果

1.3.4　岩体破裂声发射监测方法

岩体破裂声发射监测基本流程见表 1-3。

表 1-3　岩体破裂声发射监测基本流程

操作步骤		主要内容
试验前	前期准备	明确目的 仪器选择 监测方案
	传感器布置 与安装	传感器选择（类型与特性） 传感器阵列 传感器安装与耦合设计

续表 1-3

操作步骤		主要内容
试验前	设置与校准	设备组装与检查 参数设定 系统校准 噪声水平检查 传播衰减测量 波速测量 定位校准
试验中	数据监测	记录试验过程中的声发射数据 观察试验过程中的数据与波形
试验后	结果分析	信号参数分析与波形分析 岩石破裂空间演化和机制

1.3.4.1　前期准备

无论是岩石室内试验还是现场试验，首先需明确试验目的，考虑被监测岩石结构、成分、赋存环境以及后期的信息获取与分析，根据被监测岩石的特征与试验目的选择传感器的响应频率，选择合适的声发射仪器型号。室内岩石力学试验声发射频率分布在几十到几百千赫兹的范围内，一般选择 40~110kHz 频率范围的传感器为最好[21]。在选择合适的声发射监测仪器时应考虑的主要因素如表 1-4 所示。

表 1-4　声发射监测仪器选择影响因素

性能及功能	影 响 因 素
工作频率	频域、传播衰减、机械噪声
传感器	频响、灵敏度、使用温度、环境、尺寸
通道数	岩石几何尺寸、传播衰减特性、监测区域范围
源定位	定位方法
信号参数	连续信号与突发信号参数、波形记录与谱分析
显示	定位、特征参数等图表实时或事后显示
噪声鉴别	空间滤波、特性参数滤波、前端与事后滤波
存储量	数据量
数据率	高频度声发射、强噪声、多通道多参数、实时分析

1.3.4.2　传感器布置与安装

在岩石室内试验研究中，选择合适的传感器布置方案是确保声发射监测结果合理性的关键，传感器布置不仅影响声发射信号的监测，而且对不同的源定位算法的定位速度、精度及定位结果的唯一性也有不同程度的影响。

目前声发射监测传感器的布置方式尚未形成统一标准，声发射监测所需传感器数量取决于岩石试件大小及传感器间距，而传感器间距取决于波的传播衰减。时差定位中，最大传感器间距所对应的传播衰减不宜大于预定最小监测信号幅度与门限值之差，同时传感器布置需要考虑到现场操作的可行性与监测需求，例如室内试验中若需对破裂进行定位，则至少要选 4 个不共面的传感器阵列。合理的传感器布置方案不仅能够更大范围地监测到更多有效声发射信号，而且能使定位算法快速准确地确定声发射源位置和时间。

传感器与试件表面之间良好的耦合是传感器安装的基本要求。室内试件与声发射传感器之间大多采用机械固定夹具来固定，如磁性固定器、紧固螺栓、松紧带、胶带和弹簧夹子等。同时试件前岩样表面须平整、清洁，构件表面无杂物。安装过程中，传感器与被测对象结合处应填充耦合剂以保证良好的声传输，常用的耦合剂有真空脂、凡士林、黄油和快干胶等。现场安装声发射传感器时则需要将其放置于钻孔内，并对钻孔注浆，使传感器能稳固耦合在岩体内。

传感器安装程序如下：

（1）室内试验时，在岩石试件上标出传感器安装位置；现场监测时，确定传感器安装位置，然后进行钻孔。

（2）室内试验时，对传感器安装位置进行打磨，保证岩样表面平整、清洁；现场监测时，对钻孔进行清理，并测量钻孔坐标。

（3）将传感器与信号线连接好，现场监测时考虑到施工环境，应将设备安置在干燥洁净、安全及噪声污染小的位置。

（4）涂上耦合剂，然后安装和固定传感器。

1.3.4.3　设置与校准

A　设备组装与检查

设备安装前应进行检查，确保试验过程中声发射设备正常工作，确认设备无误后，按照设备说明书进行操作组装。

B　参数设定

（1）监测门槛设置。监测系统的灵敏度，即对小信号的监测能力，取决于传感器的灵敏度、间距和监测门槛设置。监测门槛值越低，测得信息越多，但容易受噪声干扰，因此需要设置一定的门槛值，根据以往经验，岩体监测的门槛值范围约为 35~55dB。

（2）系统增益设置。增益是仪器主放大器对声发射波形信号放大倍数的设置。改变增益设置并不会改变灵敏度，同时增益设置并不影响测量到的计数、持续时间、上升时间和幅度，但会直接影响能量的测量与声发射信号的能量计数。在岩石室内试验常用的声发射系统中，其增益常被固定。

（3）定时参数设置。定时参数指波形信号测量过程的控制参数，包括：

1）峰值鉴别时间（PDT）：指为正确确定波形信号的上升时间而设置的新的最大峰值等待时间间隔。如将其设置过短，会把高速、低幅度前驱波误认为主波处理，但应尽可能选短为宜。

2）波形鉴别时间（HDT）：指为正确确定一波形信号的终点而设置的波形信号等待时间间隔。如将其选得过短，会把一个波形测量为几个波形，而如选得过长，又会把几个波形测量为一个波击。

3）波形闭锁时间（HLT）：指在波形信号中为避免测量反射波或迟到波而设置的关闭测量电路的时间间隔。

声发射波形随试件的材料、形状、尺寸等因素而变，因而，定时参数应根据试件中所观察到的实际波形进行合理选择。

C 系统校准

（1）仪器硬件灵敏度和一致性的校准。对仪器硬件系统的校准，是将专用的电子信号发生器产生的各种标准函数的电子信号直接输入前置放大器或仪器的主放大器，并测量仪器采集这些信号的输出，确保其满足一定的精度要求。

（2）声发射监测系统灵敏度的校准。通过直接在岩石试件上发射声发射模拟源信号进行校准。灵敏度校准的目的是确认传感器的耦合质量和监测电路的连续性。各通道灵敏度的校准步骤为在距传感器一定距离发射三次声发射模拟源信号，分别测量其响应幅度，三个信号幅度的平均值即为该通道的灵敏度。

（3）源定位校准。多通道监测时，条件允许情况下，可在典型部位上，用模拟源进行定位校准。所加模拟信号，应被一个定位阵列所接收，并提供唯一的定位显示，区域定位时，应至少被一个传感器接收到；若条件不允许则依据经验来进行设置，最后依据实测结果计算定位误差。

D 噪声水平检查

噪声的类型主要包括机械噪声、电磁噪声以及其他噪声。机械噪声指物体间的撞击、摩擦以及振动引起的噪声；电磁噪声指静电感应、电磁感应引起的噪声；其他噪声指除机械噪声与电磁噪声以外的噪声类型。

噪声的抑制与排除一直以来都是声发射领域的难题，随着现代技术的发展，有许多可以选择的软件和硬件排除方法，能一定程度上减缓噪声干扰。有些是在监测前采取措施，有些是在监测过程中或事后进行。其方法原理及适用范围如表1-5所示。

表1-5 噪声排除方法

方法	原 理	适用范围
频率鉴别	滤波器	任意频段机械噪声
幅度鉴别	调整固定或浮动监测门槛值	低幅度机电噪声
前沿鉴别	对信号波形设置上升时间滤波窗口	来自远区的机械噪声或电脉冲干扰
主副鉴别	用波到达主副传感器的次序及其门电路，排除先到达副传感器的信号，而只采集来自主传感器附近的信号，属空间鉴别	来自特定区域外的机械噪声
符合鉴别	用时差窗口门电路，只采集特定时差范围内的信号，属空间鉴别	来自特定区域外的机械噪声
荷载控制门	用载荷门电路，只采集特定荷载范围内的信号	疲劳试验时的机械噪声
时间门	用时间门电路，只采集特定时间内的信号	点焊时电极或开关噪声
数据滤波	对撞击信号设置参数滤波窗口，滤除窗口外的撞击数据，包括前端实时滤波和事后滤波	机械噪声或电磁噪声
其他	差动式传感器、前置放大器一体式传感器、接地、屏蔽、加载销孔预载、隔声材料、示波器观察等	机械噪声或电磁噪声

E 波在岩体中的传播与衰减

通过测量岩体波速与波的传播衰减规律，绘制距离-声发射信号幅度衰减曲线，进而最终验证传感器的型号与布置方案。

1.3.4.4　数据监测与结果分析

试验过程中，仪器记录声发射数据，通过外部显示设备，我们可以直接观察到数据波形，这在一定程度上可以检验数据的合理性。岩体破裂声发射监测多采用事后分析方法，一般步骤如下：

（1）采用软件数据滤波方法剔除噪声数据，常用的方法包括时差滤波或空间滤波、撞击特性参数滤波、外参数滤波。

（2）提取出声发射信号特征参数，绘制相关图表。

（3）根据监测数据确定相关声发射源的位置。

最终依据试验目的进行结果分析，结合数学分析方法与图表展示分析结果，进行岩体破裂过程破裂源定位与机制研究。

1.3.5　岩体破裂声发射评价分析

岩体破裂声发射评价分析与岩石相似，下面以岩石单轴压缩的声发射试验为例对岩石破裂与声发射特征进行评价分析。岩石单轴压缩应力应变及声发射特征曲线如图 1-13 所示。岩石类材料声发射特征一般可分为 5 个阶段[22]：

（1）压密阶段（OA）：岩石试件在加载前内部存在原生裂隙，加载后，内部原生裂隙受压闭合，应力应变曲线上升，说明在小的应力增加情况下所得应变增量较大；此阶段有较少的声发射活动产生，主要是由多数原生微裂隙的闭合和少量微破裂的产生所引起。

（2）弹性变形阶段（AB）：应力应变曲线保持线性关系，服从虎克定律。试件中原有裂隙继续被压密，产生弹性变形，声发射较为平稳。

（3）裂隙稳定发展阶段（BC）：随着荷载增加，应力应变曲线偏离直线，裂隙呈稳定状态发展，受施加应力控制；声发射逐渐增加，声发射振铃总数与应变关系曲线有明显的转折点，主要产生机制是大量的微裂纹产生与稳定扩展。

（4）非稳定破裂发展阶段（CD）：随着荷载增加，试件横向应变明显增大且体积增

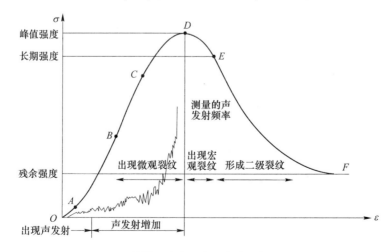

图 1-13　单轴压缩应力应变与声发射特征曲线

加，有扩容现象发生，说明试件内斜交或平行加载方向的裂隙扩展迅速且不可控制，进入不稳定发展阶段，声发射活动急剧增多。

（5）破坏后阶段（D 之后）：岩石达到峰值强度后，载荷随着变形的增加而减小，岩石内大量微裂纹产生、扩展、汇合、贯通形成滑动面，最终导致岩石完全破坏。

声发射活动受多种因素影响，不同性质岩石声发射曲线不同，例如对于坚硬致密岩石则可能缺少某个阶段，对于结构、成分更为复杂的岩石情况也会更为复杂，如煤岩等。

1.4　岩体破裂声发射监测技术应用

在岩石工程领域，声发射技术广泛用于室内试验与现场监测。国内外众多学者开展了大量试验进行声岩石发射特性研究，包括单轴压缩、常规三轴压缩、高温三轴、三轴卸荷、拉伸、剪切、巴西劈裂等各种试验。在现场监测方面，声发射可以研究岩体开挖过程中围岩的损伤演化规律，对于现场施工支护与岩爆等工程灾害的防治也具有重要意义。下面将通过声发射室内试验与工程监测两个简单案例进行介绍。

1.4.1　室内花岗岩单轴压缩试验

1.4.1.1　试验准备

选取国内西南某高应力隧道的花岗岩[23]，加工成 6 块尺寸为 50mm×50mm×100mm 的长方体试件，对其进行编号 HG-1 ~ HG-6，然后开始单轴压缩与声发射试验，试样如图 1-14 所示。整个试验系统由加载控制和声发射监测两个子系统组成，如图 1-15 所示。其中，加载系统采用型号为 RMT-150C 数字控制式电液伺服刚性试验机，垂直最大出力 1000kN，机架刚度为 5000kN/mm。该系统可实现试验过程中荷载、位移等参数实时采集。声发射监测采用美国物理声学公司研制的 PCI-2 型多通道声发射系统，该系统可实现加载过程中声发射波形与特征参数实时采集。

图 1-14　长方体单轴压缩试验岩样

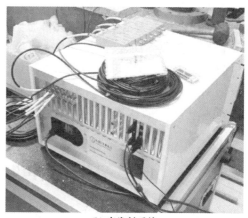

(a) RMT-150C数字控制式电液伺服试验机　　　　　　(b) 声发射系统

图 1-15　RMT-150C 数字控制式电液伺服试验机及声发射系统

1.4.1.2　传感器选择与布置

试验选用 Nano30 型声发射传感器，其中心响应频率为 125kHz。Nano30 传感器自身尺寸小，对定位精度影响较小，影响最大的是传感器阵列和传感器安放的准确性，因此，传感器布置应尽可能覆盖待测区域。由于试验机的应变传感器位置原因（岩样右侧面中心处），同时考虑到传感器阵列的空间对称性，最终确定传感器布置如图 1-16 所示。在岩样前、后两个面上，传感器分别沿主、副对角线等距布置，最上侧与最下侧传感器距离加载面上下边界均为 15mm，距左右侧边界 10mm，试件中部传感器布置在平面几何中心处。在左、右侧面上沿其表面的纵轴线上各布置 1 个传感器，分别距离加载面上、下边界 15mm。将传感器用薄铜片、铁夹和 502 胶水牢牢固定在岩石表面，在传感器与岩样之间的接触位置涂抹凡士林，以保证两者之间有良好耦合。

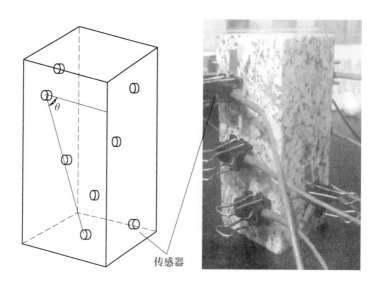

传感器

图 1-16　传感器布置图

1.4.1.3 声发射特性分析

其试验加载的强度参数应力应变曲线如表 1-6 和图 1-17 所示。

表 1-6 国内西南地区某高应力隧道的花岗岩力学测试结果

编号	密度/kg·m⁻³	峰值强度/MPa	弹性模量/GPa
HG-1	2614	43.94	166.02
HG-2	2621	47.95	182.90
HG-3	2607	42.89	153.38
HG-4	2618	45.61	147.42
HG-5	2619	33.15	138.67
HG-6	2610	40.17	167.73

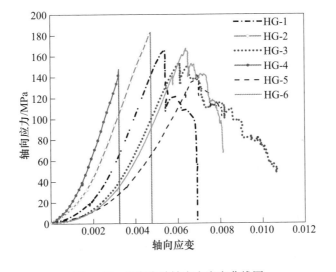

彩色原图

图 1-17 花岗岩单轴应力应变曲线图

破坏按机理不同可以分为时滞型破坏、间歇型破坏与即时型破坏。即时型破坏是指岩石在受压过程中突然发生爆裂而丧失整体承载能力的破坏现象。间歇型破坏是指在主破裂发生之后，在岩样同一破坏区域接连不断发生破坏的现象。时滞型破坏是指岩石主破裂发生之后不丧失整体稳定性，仍具有一定承载能力，继续加载一段时间后才发生整体破坏的现象。

试验中编号 HG-1、HG-3、HG-5、HG-6 的岩样具有"时滞型"与"间歇型"双重特征；编号 HG-2、HG-4 的两块岩样，则表现出明显"即时型"特征，破坏后的试样如图 1-18 所示。

时滞型和即时型两种破坏模式的声发射撞击率-应力时间曲线如图 1-19 所示。

(a) 时滞型破坏

(b) 即时型破坏

图 1-18　试验加载后的破坏

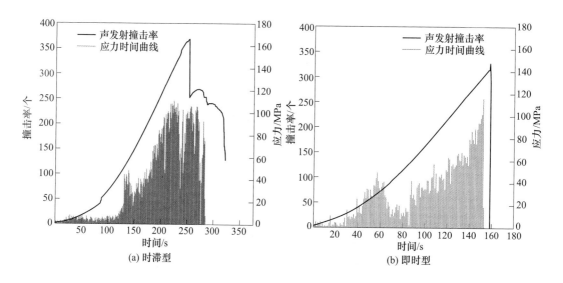
(a) 时滞型

(b) 即时型

图 1-19　两种破坏模式的声发射撞击率-应力时间曲线

如图 1-20 所示，岩石加载过程可按声发射将应力曲线划分为 5 个阶段：压密阶段、弹性变形阶段、裂隙稳定发展阶段、非稳定破裂发展阶段和破坏后阶段。

对于时滞型破坏岩样，在压密阶段和弹性变形阶段内，声发射活动较少，是由岩石原生孔隙被压密或者原生破坏面上发生的剪切滑移所导致的。在压密阶段内其斜率具有明显的增大趋势，在弹性变形阶段，岩样的应力曲线近似为一条直线，呈线性关系。

在裂隙稳定发展阶段内，尽管此时应力曲线未发生明显变化，但岩样内部已经出现了"微裂纹成核"，并且微裂纹逐渐扩展，此时微裂纹扩展尚彼此独立。

在非稳定破裂发展阶段内，声发射活动急剧增强，原本独立发展的微裂纹开始聚合形成大尺度宏观裂纹的结果，这直接导致了岩样破坏。

破坏后阶段，时滞型破坏仍有应力加载，岩石内部仍有裂隙贯通，所以仍有声发射活

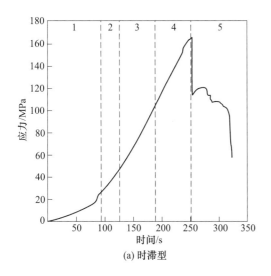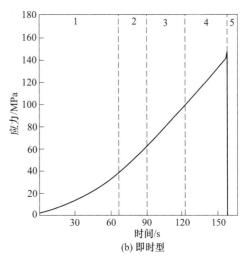

(a) 时滞型　　　　　　　　　　　　　　(b) 即时型

图 1-20　按声发射划分应力曲线的 5 个阶段

1—压密阶段；2—弹性变形阶段；3—裂隙稳定发展阶段；4—非稳定破裂发展阶段；5—破坏后阶段

动产生，而即时型破坏，试验破坏后应力陡降，无应力加载，故试件内部无新破裂产生，所以没有声发射活动。

在室内试验方面国内外学者开展了大量研究，常见岩石种类包括花岗岩、砂岩、泥岩、灰岩、白云岩、煤岩等，常见试验方式包括单轴压缩、常规三轴压缩、高温三轴、三轴卸荷、拉伸、剪切、巴西劈裂等。然而，声发射受到岩性、加载方式等各种复杂因素影响，其特性很难得出一般规律，所以，一般的研究岩石声发射特性都是研究特定岩石在特定试验条件下的声发射特性。

1.4.2　深埋隧洞 TBM 开挖围岩损伤演化试验

锦屏二级水电站引水隧洞是属于高应力地区的深埋隧洞，地质条件复杂，岩爆、突水、塌方等工程岩体灾害突出[24]。为了研究 TBM 开挖过程中围岩损伤的时空演化规律，在 TBM 施工过程中开展现场声发射监测试验，为施工支护提供科学依据。

1.4.2.1　工程背景

本次声发射试验场所位于水电站引 2 号和引 4 号之间的 2 号横通洞的 1 号试验洞内（简称 2-1 试验洞），监测对象为 TBM 施工过程中引 3 号围岩，如图 1-21 所示。2-1 试验洞为马蹄形，断面尺寸为 5m×5m，其洞口距离引 2 号东端洞口约 3.2km，上覆岩层厚度约 1850m，岩性为 T_{2y}^5 灰白色层状中粗晶大理岩，节理裂隙较为发育，洞内局部溶蚀含水，有渗水、出水现象，局部边墙岩体破碎，试验过程破碎岩体有掉落现象，根据探测结果，声发射监测区域附近存在 4 条明显的近 EW 向节理带 S1、S2、S3 和 S4，如图 1-22 所示，节理带岩屑、碎石、泥质、铁锰质充填，围岩类别为以 Ⅲ 类为主。岩石单轴抗压强度 80~110MPa，弹性模量 30~50GPa。

1.4.2.2　声发射系统

声发射试验采用美国 PAC 公司的 DISP 声发射测试系统，传感器选用谐振频率为

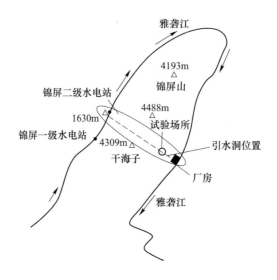

(a) 2-1试验洞位置示意图

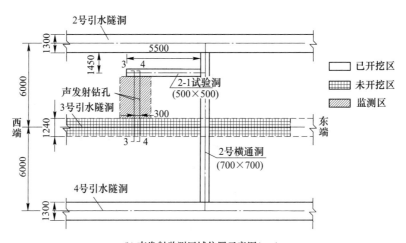

(b) 声发射监测区域位置示意图(mm)

图 1-21　声发射监测区域位置图

40kHz 的 SR40M 型号传感器;为了更好、更稳定地监测声发射信号,选用了性能优越的 2/4/6-AST 前置放大器。为了防止地下水、监测隧洞开挖、塌孔等不良地质条件对前置放大器和传感器的损坏,防止长期监测中静电对声发射信号的干扰,以及为了便于深孔安装与回收,设计了如图 1-23 (b) 所示的传感器保护套,将传感器和前置放大器一起封装于保护套内。

　　试验前需要测定波在围岩中的传播速度,这样才能更准确地分析声发射监测结果,评定围岩损伤区范围及程度。安装前要对监测仪器的参数进行设置,主要参数设置如下:

　　(1) 滤波参数。锚杆钻机、TBM 本身的振动、破岩等多种环境噪声同时作用时,为了尽可能消除环境噪声影响,信号振幅门槛值采用浮动型,即根据环境噪声变化,门槛值在 40~60dB 内实时动态地调整;为了采集到更多有效的微破裂信号,TBM 等现场机械设

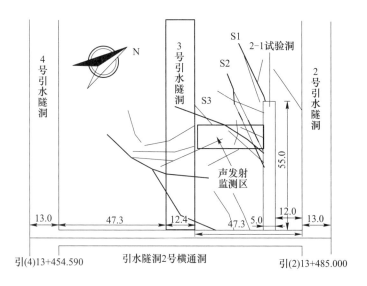

图 1-22　声发射监测区节理裂隙分布示意图

(a) 监测设备

(b) 传感器保护套

图 1-23　声发射监测系统

备停止工作间隙，信号门槛值采用固定型，门槛值取值 35dB；电器噪声多为突发性信号，持续时间短，振铃计数小，为了消除电器噪声干扰，前端滤波对所有通道摒弃振铃计数低于 5 的声发射信号；为了消除载重车辆和 TBM 工作部分振动信号对声发射监测的影响，前端滤波对所有通道不记录平均频率低于 5 的声发射信号；模拟滤波器频率采集范围：10~100kHz。

（2）波形参数。采集卡采样频率：500kHz；预触发时间：512μs；每个声发射事件波形记录长度：4K。

（3）定位参数。波速为 4.95km/s，定位算法迭代步数为 500 次。

1.4.2.3　监测方案

考虑到操作的可行性，并最大可能地使传感器形成一个良性阵列，设计了"梯形体"传感器布置方案：现场沿垂直于引 3 号洞轴线方向共平行布置 3-3 和 4-4 两个监测断面，两断面相距 3.0m，3-3 监测断面距离 2-1 试验洞掌子面 7.0m，如图 1-21（b）所示。两个断面传感器布置方式相同，每个监测断面布置 4 个传感器；以 3-3 断面为例，传感器 SF1-1 和 SF1-4 距离隧洞壁的距离相同为 1.8m，SF1-2 和 SF1-3 距离隧洞壁距离相同为 4.0m，SF1-1 和 SF1-2 相距 3.6m，SF1-2 和 SF1-3 相距 2.1m，SF1-3 和 SF1-4 相距 3.6m，SF1-1 和 SF1-4 相距 6.6m，如图 1-24 所示。TBM 开挖围岩损伤监测，传感器布置采取预埋策略，即在 TBM 开挖至监测断面之前将声发射传感器安装完毕。

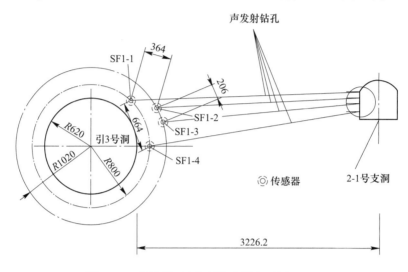

图 1-24　监测断面声发射传感器布置图（mm）

1.4.2.4　围岩损伤演化声发射特征

TBM 开挖通过声发射监测区域后，监测区域内声发射事件与围岩损伤演化的关系如图 1-25（a）所示，空间分布如图 1-25（b）所示，图 1-25（b）中球体大小表示能量大小。随着距离洞壁距离增加声发射事件数表现出先增加后减小的趋势，围岩体破裂释放的能量总体表现为下降趋势。在距离洞壁 3m 范围内能量释放保持在一个较高水平，而声发射事件数距离洞壁越近越少，这说明洞壁 3m 范围内，距离洞壁越近围岩破裂尺度相对越大，能量释放相对越多，该区域可以认为是微裂纹形成与贯通围岩松动区 Ⅰ；距离洞壁 3~9m 范围内，声发射事件数和围岩破裂释放能量都呈快速下降趋势，主要因为该区域围岩以旧裂隙的扩展和新裂隙的萌生微破裂为主，并且随着距离的增加微破裂的数目逐渐减小，该区域可以认为是围岩的损伤区 Ⅱ；距离洞壁 9~22m 范围内，声发射事件数和围岩破裂释放的能量基本上趋于稳定，处于一个较低水平，可以认为该区域为围岩扰动区 Ⅲ，其演化机制可以通过对比岩石室内试验表现出的力学特征进行解释说明（图 1-25（c））。

TBM 开挖后应力场大小和方向均发生一系列调整，洞壁处应力状态由原来的三向应力，调整为两向应力，对于理想弹性材料，最大主应力场演化规律如图 1-25（c）虚线所示，但对于岩石这种非均质天然地质材料，随着应力的集中，当超过材料承载极限时，必然发生一系列微破坏，致使围岩承载能力下降，该区域围岩体主要表现为峰值后力学特性，主要发生区为图 1-25 所示开挖松动区 Ⅰ；随着距洞壁距离的增加，围岩承受的最大载荷进一步降低，围压进一步增加，围岩体只是出现了旧裂隙扩展和新裂隙萌生，并未形

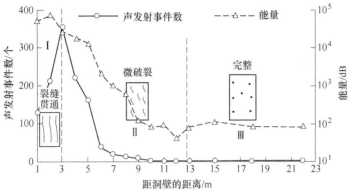

(a) 声发射事件与围岩损伤演化的关系

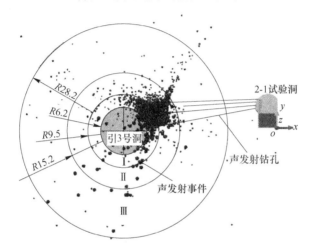

(b) 声发射事件与损伤区域的空间分布(m)

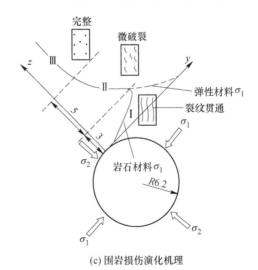

(c) 围岩损伤演化机理

图 1-25　TBM 开挖沿洞径方向围岩损伤演化及机理
Ⅰ—松动区；Ⅱ—损伤区；Ⅲ—原岩区

彩色原图

成裂隙的贯通与宏观破坏，该区围岩主要表现为岩石加载破坏前的力学特性，仍具有很高的承载能力，该区域为 TBM 开挖损伤区 Ⅱ（图 1-25）；随着距离的进一步增加，围岩应力场基本趋于原岩应力场，岩体虽受扰动，但基本表现为原岩的力学特性，该区为 TBM 开挖围岩扰动区 Ⅲ。因此，支护措施选取时，锚杆长度要足以穿过松动区，保证其在完整岩石区的入岩深度，为强岩爆支护锚杆的设计提供了重要参考依据。

─────── 本 章 小 结 ───────

本章介绍了声发射监测技术的基本原理、特征参数、系统组成、信号分析方法及其应用，主要内容如下：

（1）声发射技术是一种借助仪器测量、记录并分析材料声发射信号、获取声发射源信息的技术，主要监测材料自身破坏发出的弹性波信号，属于被动式监测。声发射技术具有监测及时、监测区域面积大、效率高、应用范围广泛、不干扰施工的特点，主要在岩体物理力学性质分析、地应力评估和动力灾害监测与预警等领域进行应用。

（2）声发射采集系统一般由声发射传感器、线缆、前置放大器、主放大器、滤波器、门限比较器及其相应的计算机数据处理与分析软件、显示设备等仪器组成。声发射信号处理分析方法主要有参数分析方法和波形分析方法，参数分析方法可以利用声发射参数进行声发射稳定性综合分析与评价，而波形分析方法具有能够区分信号与噪声的能力。

（3）声发射技术常用的参数主要有撞击数、事件计数、振铃计数、峰值幅度、能量、上升时间及其他参数。声发射源主要有断裂、塑性变形、相变和表面效应。

（4）Kaiser 效应是指当材料加载到一定应力水平产生声发射信号，经卸载后重新加载时必须超过前一次加载的最大载荷才会有新的声发射信号出现的现象；Felicity 效应是指当材料重复加载时，重复载荷达到原先所加最大载荷之前就发生明显声发射的现象。Kaiser 效应与 Felicity 效应在一定程度上反映了材料自身固有的性质，为评价材料或构件的损伤严重程度提供了重要依据。

（5）岩体破裂声发射测试方法主要包含试验前的前期准备、传感器布置与安装、仪器设置与校准、试验中的数据监测及试验后的结果分析等步骤。岩石类材料声发射特征一般可分为压密阶段、弹性变形阶段、裂隙稳定发展阶段、非稳定破裂发展阶段和破坏后阶段这五个阶段。

习题与思考题

1. 简述岩体声发射的原理。
2. 简述声发射监测技术的原理。
3. 声发射监测的目的有哪些？
4. 岩石中的声发射源有哪些？
5. 简述 Kaiser 效应与 Felicity 效应原理。
6. 声发射波形特征参数有哪些？
7. 声发射信号波形特征参数分析方法与波形法有什么区别？

8. 岩石单轴压缩过程中依据声发射可分为哪几个阶段？

9. 简述传感器安装步骤。

10. 影响岩石加载过程声发射产生的因素有哪些？

11. 简述声发射特征参数中撞击与事件计数的区别。

参 考 文 献

［1］ 张茹, 艾婷, 高明忠, 等. 岩石声发射基础理论及试验研究［M］. 四川: 四川大学出版社, 2017.

［2］ 沈功田. 声发射检测技术及应用［M］. 北京: 科学出版社, 2015.

［3］ 曾鹏. 冲击性岩石应力状态与声发射特征相关性研究［M］. 北京: 冶金工业出版社, 2019.

［4］ 胜山邦久. 声发射（AE）技术的应用［M］. 冯夏庭, 译. 北京: 冶金工业出版社, 1996.

［5］ 纪洪广. 混凝土材料声发射性能研究与应用［M］. 北京: 煤炭工业出版社, 2003.

［6］ 袁振明, 马羽宽, 何泽云. 声发射技术及其应用［M］. 北京: 机械工业出版社, 1985.

［7］ 李孟源, 尚振东, 蔡海潮, 等. 声发射检测及信号处理［M］. 北京: 科学出版社, 2010.

［8］ 李回贵. 煤岩破裂过程中的声发射及分形特征研究［M］. 北京: 冶金工业出版社, 2019.

［9］ Kaiser E J. A study of acoustic phenomena in tensile test［R］. Munich: Technical University of Munich, 1950.

［10］ 阳能军, 姚春江, 袁晓静, 等. 基于声发射的材料损伤检测技术［M］. 北京: 北京航空航天大学出版社, 2016.

［11］ 周俊, 朱文耀, 王超, 等. 基于机器学习的声发射信号处理算法研究［M］. 北京: 电子工业出版社, 2021.

［12］ 秦四清. 岩石声发射技术概论［M］. 成都: 西南交通大学出版社, 1993.

［13］ 王祖荫. 声发射技术基础［M］. 山东: 山东科学技术出版社, 1990.

［14］ 邹银辉, 文光才, 胡千庭, 等. 岩体声发射传播衰减理论分析与试验研究［J］. 煤炭学报, 2004, 29（6）: 663-667.

［15］ 王成虎. 地应力主要测试和估算方法回顾与展望［J］. 地质论评, 2014, 60（5）: 971-995.

［16］ 储超群, 吴顺川, 曹振生, 等. 基于声发射技术的花岗岩破裂特征试验研究［J］. 中南大学学报（自然科学版）, 2021, 52（8）: 2919-2932.

［17］ 耿荣生, 沈功田, 刘时风. 声发射信号处理和分析技术［J］. 无损检测, 2002, 24（1）: 23-28.

［18］ Aid K, Richards P. Quantitativ seismology: theory and methods［J］. The Journal of the Acoustical Society of America, 1980, 68（5）: 1546.

［19］ Schweitzer J, Fyen J, Mykkeltveit S, et al. New Manual of seismological observatory practice［M］. Potdam: Geo For Schungs Zentrum, 2002.

［20］ Shearer P M. Introduction to Seismology［M］. Cambridge City: Cambridge Chiversity Press, 1999.

［21］ 刘新平, 刘英, 陈颢. 单轴压缩条件下岩石样品声发射信号的频谱分析［J］. 声学学报, 1986, 11（2）: 80-87.

［22］ 谢和平, 左建平. 岩石断裂破坏的声发射机理初探［M］. 北京: 科学出版社, 2006.

［23］ 陈炳瑞, 魏凡博, 王睿, 等. 西南地区某深埋隧道花岗岩破坏机制与前兆特征研究［J］. 岩石力学与工程学报, 2020, 39（3）: 469-479.

［24］ 陈炳瑞, 冯夏庭, 肖亚勋, 等. 深埋隧洞 TBM 施工过程围岩损伤演化声发射试验［J］. 岩石力学与工程学报, 2010, 29（8）: 1562-1569.

2 微震监测技术

本章提要

通过阅读本章，可以了解掌握如下内容：

（1）微震监测技术的原理；

（2）微震震源参数的概念；

（3）微震监测系统的组成；

（4）微震信号的分析方法。

2.1 微震监测技术概述

2.1.1 微震监测技术简介

微震（Microseismic，MS）是指岩体破裂产生的微小震动。当岩体受到施工扰动后，原有的应力平衡状态被打破，局部区域产生应力集中和能量聚集，达到一定程度时，将导致岩体内微破裂的萌生或扩展，伴随着弹性波的释放并在周围岩体内快速传播。微震监测技术是利用微震现象研究岩土工程中岩体变形破裂等问题的一种地球物理学方法。在岩体有效范围内安装传感器接收微震弹性波信息（图 2-1），对弹性波信息进行处理分析，可反演计算出微震事件的空间位置、能量、震级、视应力等震源参数信息。通过分析微震事件的活动特征，可推断岩体的力学状态和破坏特征，揭示主要的损伤区域和潜在失稳区域，从而控制或避免事故的发生。微震监测技术是一种空间三维监测方法，能够实时在线监测岩体微震信息，揭示岩体内部微破裂萌生、发育、扩展直至宏观变形破坏的过程，突破了传统监测技术"点""线"式局部监测和难以捕捉岩体内部微破裂的局限，为工程岩体安全评价提供了新的思路和方法[1]。

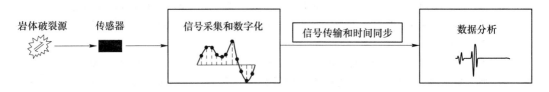

图 2-1　微震监测原理示意图[2]

一般情况下，工程岩体微震监测获取的微震事件震级大于声发射，小于天然地震；而信号频率高于天然地震，低于声发射，如图 2-2 所示。随着电子技术和信号处理技术的发展，微震监测技术从早期的机械式发展到电子化，目前实现数字化。

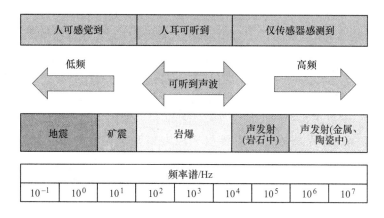

图 2-2 不同的频率段及相应的地震活动

微震监测技术在短期岩体开挖安全预警预报和中长期灾害分级、稳定性评估方面有独特优势，具体表现为以下几个方面：

（1）跟踪监测岩体破裂由萌生、发展、破坏乃至灾变的全过程，得出岩体破裂的时空规律；

（2）具有远距离、动态、三维、24h 实时监测的优势；

（3）具有准确性、定量性及超前性的特性；

（4）实现监测的实时连续化、数字化、自动化及智能化；

（5）具有系统的高速采样以及 P 波和 S 波的全波形显示，对微震信号的频谱分析和事件的判别直观方便；

（6）监测仪器具有高度集成、小体积、多通道及高精度的特点。

2.1.2 微震监测技术的发展现状

微震监测技术最早被用于南非硬岩矿井中的岩爆监测，研究结果表明微震监测技术可以对矿山岩爆进行定位，极大地推动了微地震监测技术在矿山岩爆监测中的应用。之后伴随着微震监测理论、电子信息技术的发展以及相关研究的深入，在 20 世纪 60 年代中后期，微震监测技术已经有了较为扎实的工业化应用基础。20 世纪 80 年代以后，现代高精度微震监测技术快速发展和推广应用。目前，微震监测技术已广泛用于深井矿山、水电洞室、隧道工程、油气及地热开采、地下油气存储、二氧化碳封存、核废料储存等领域，成为岩体动力灾害研究和管理的有效监测手段。

我国微震监测技术方面的研究和应用相对较晚。1959 年，中国科学院地质与地球物理研究所研发的 581 微震仪首次在北京门头沟矿用于冲击地压监测[3]。1984 年从波兰引进了一套微地震监测系统分别在门头沟矿、抚顺龙凤矿、四川天池矿等矿山进行冲击地压监测。1995 年，中国地震局地球物理研究所在华丰、三河尖及抚顺等煤矿安装了微震监测系统，积累了大量的数据资料，取得了一定的防治冲击地压方面的成就。21 世纪以来，现代高精度微震监测技术在国内矿山工程中不断推广，且发展日趋成熟，为防治矿山开采诱发的冲击地压、突水等灾害提供了有效途径。微震监测技术虽然在岩土工程得到有效的应用，但目前在水电工程领域仍处于快速发展阶段，对于微震定位精度和信号分析识别等基础问题，仍有待进一步提高和完善。此外，还需进一步完善微震活动性与不同类型、不同等级岩爆、冲击地压孕育过程的关系以及基于微震活动性的定量岩爆预警方法。

2.1.3 微震监测技术的应用

（1）水利水电和隧道工程。微震监测技术广泛应用在水利水电工程和隧道工程，用于评估边坡稳定性、混凝土高拱坝损伤破裂监测和隧道岩爆灾害的预测预报。

（2）矿山工程。微震监测技术主要用于冲击地压等灾害的预报和防治。除了煤矿外，微震监测技术也被应用到金属矿山中，如冬瓜山铜矿、红透山铜矿、香炉山钨矿等大型矿山。对于开采一段时间的残矿区，由于前期的开采会形成体积巨大的采空区，容易引起顶板冒落或矿柱垮塌等灾害，建立微震监测系统识别矿体中的裂缝对安全生产尤为重要。

（3）油田及干热岩开发。微震监测技术主要用于油田及干热岩水压致裂效果评价。通过对微震信号的分析，来研究油气储层的不均一性、应力场应力分布以及裂缝发育机制等问题。微震监测所得的参数是评价压裂工艺好坏以及确定采油井的位置的重要依据。微震监测技术在干热岩的开发和利用中有着重要的作用，通过微震簇的监测对压裂的结果进行评价，而评价的结果直接决定了干热岩的利用效率。微震监测技术还能确定裂缝的走向和长度等，对后期生产井的数量和位置有着决定性的作用。

（4）边坡工程。微震监测技术主要用于对水电站边坡的开挖以及大型水库后期蓄水阶段的微震活动性进行实时监测，通过分析微震事件的时空分布，研究边坡岩体卸荷产生的岩石破裂带，实时评价边坡的稳定性。在大型水库坝区还利用微震监测技术来研究由水库诱发的微震信号，对于分析水库周围应力状态、断层分布、预防大坝溃塌以及控制水库的蓄水量具有重要的意义。

（5）其他地下工程中。在地下设施修建和挖掘中，通常会由于人为原因导致岩体的应力不均，从而造成岩体坍塌、下滑等危险。如隧道工程的安全施工和安全使用，监测地下油库岩体的稳定性和安全性，实时监测液化气库防止气体泄漏等。此外，由于地下挖掘和爆破等盗掘古墓活动会激发微震波，因而微震技术也可应用到古墓等文物保护和防盗中[4]。

2.2　微震监测基础知识

2.2.1　微震波

微震波是由岩体破裂产生、向四周辐射的弹性波。微震波分为体波和面波。体波分为纵波（P波）和横波（S波），面波只在近地表传递，最主要的面波有拉夫波和瑞利波。P、S波的定义与声发射波相同，见1.2.2节，P波和S波传播如图2-3所示。

2.2.2　微震源位置

通常微震事件的震源是指空间中的一个点，其位置可由该事件所触发的微震传感器的记录来反演确定。然而由于震源情况、岩体介质分布和到时拾取的不确定性，通常会给震

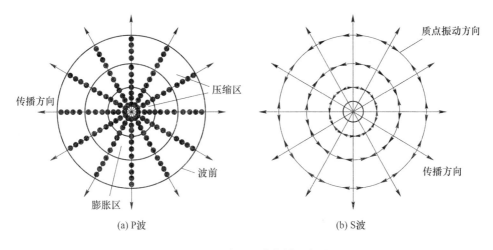

图 2-3　P 波和 S 波传播示意图

源的精确定位造成困难。而准确定位对解决下面这些问题很重要：

（1）确定可能发生岩爆事件的位置；

（2）进行后续微震过程分析，如速度反演、微震辐射能量计算、震源机制分析等；

（3）所有独立事件的分析和解释均依赖于定位，例如，在远离工作面的区域或通常认为不会发生微震事件的区域内发生的事件需引起关注；

（4）微震活动性解释，如微震活动集结化或沿某些平面的集中化及发展迁移，微震参数的时空分布梯度及分布形式分析等。

2.2.3　地震矩 M

地震矩 M 可以度量地震大小，是一个与震源模型选取无关的量，可通过 P 波或 S 波的频谱的远震位移谱的低频幅值 Ω_0 直接计算得到：

$$M = \frac{4\pi\rho v^3 R\Omega_0}{F_c} \tag{2-1}$$

式中，ρ 为岩体密度；v 为震源处 P 波或 S 波波速；R 为震源和接收点间的距离；F_c 为 P 波或 S 波的辐射类型经验系数。

地震矩为震源定量描述的基本力学参数之一，许多震源定量参数都是基于地震矩建立的。

2.2.4　微震辐射能

微震辐射能是指岩体在开裂或滑动摩擦过程中以弹性波的形式释放的能量，也称为微震释放能或微震能。这个转化速率可以是很慢的蠕变事件，也可能是很快的动力微震事件，其在微震源处的平均变化速度可达每秒数米。相同大小的事件，慢速事件较快速动力事件发展时间要长，因此慢速事件主要辐射出低频波。由于激发的微震能量是震源函数的时间导数，慢震过程产生较小的微震辐射。根据断裂力学的观点，开裂速度越慢，辐射能量就越少，拟静力开裂过程将不会产生辐射能。

在时间域内，微震波的微震辐射能 E 与经由远场速度脉冲的平方值修正后辐射波形在

时段 t 上的积分成正比：

$$E = 4\pi\rho v F_c^2 R^2 \int_0^t \dot{u}_{\mathrm{corr}}^2(t)\,\mathrm{d}t \qquad (2-2)$$

式中，t 为持续时间，s；$\dot{u}_{\mathrm{corr}}^2(t)$ 为根据辐射路径校正后的远场速度谱平方的函数。

2.2.5 微震体变势 P

微震体变势 P 定义为震源非弹性区的体积和体应变增量的乘积：

$$P = \Delta\varepsilon V \qquad (2-3)$$

微震体变势是一个标量，P 的单位为 m^3。对于一个平面剪切型震源，微震体变势可表示为 $P=\bar{u}A$，其中 A 为震源面积，$\bar{u}$ 为平均滑移量。在震源位置，微震体变势是震源时间函数对整个震动期间的积分。在监测点，微震体变势与经远场辐射形态修正后的 P 波或 S 波位移脉冲的积分 $u_{\mathrm{corr}}(t)$ 成正比。

$$P_{\mathrm{P,S}} = 4\pi v_{\mathrm{P,S}} R \int_0^{t_{\mathrm{P,S}}} u_{\mathrm{corr}}(t)\,\mathrm{d}t \qquad (2-4)$$

式中，$v_{\mathrm{P,S}}$ 为 P 波或 S 波波速；$u(0)=0$；$u(t_s)=0$。微震体变势通常是由记录到的频率域内的低频位移谱幅值 Ω_0 估计获得：

$$P_{\mathrm{P,S}} = 4\pi v_{\mathrm{P,S}} R \frac{\Omega_{0,\mathrm{P,S}}}{\Lambda_{\mathrm{P,S}}} \qquad (2-5)$$

式中，$\Lambda_{\mathrm{P,S}}$ 是远场幅值经震源焦球体上的平均处理后的分布形式的平方根值；对 P 波 $\Lambda_{\mathrm{P}}=0.516$，对 S 波 $\Lambda_{\mathrm{S}}=0.632$。

2.2.6 能量指数 EI

将微震辐射能类比于微震体变势，可以得到一个实用的参数，即能量指数 EI。一个微震事件的能量指数是该事件所产生的实测微震辐射能 E 与区域内所有事件的平均微震辐射能量 $\bar{E}(P)$ 之比。平均微震辐射能量可由该区域的实测平均能量和微震体变势 P 关系 $\log\bar{E}=d\log P+c$ 求得：

$$EI = \frac{E}{\bar{E}(P)} = \frac{E}{10^{d\log P+c}} = 10^{-c}\frac{E}{P^d} \qquad (2-6)$$

$d=1.0$ 表示平均微震辐射能与视应力成比例关系，能量指数越大表示事件发生时震源的驱动应力越大。c 为常量。

2.2.7 视应力 σ_{A}

视应力 σ_{A} 定义为微震辐射能 E 与微震体变势 P 之比，表示震源单位非弹性应变区岩体的微震辐射能量：

$$\sigma_{\mathrm{A}} = \frac{E}{P} \qquad (2-7)$$

2.2.8 视体积 V_{A}

视体积表示为震源非弹性变形区岩体的体积，可以通过记录的波形参数计算得到，计算公式如下：

$$V_A = \frac{P}{\varepsilon_A} = \frac{\mu P^2}{E} \tag{2-8}$$

式中，μ 为岩石的剪切模量。

2.2.9 地震震级

地震震级是最常用的地震强度度量方式。地震学领域常用的震级主要包括里氏震级和矩震级，常用的经验计算公式分别为：

$$M_L = \lg A(\Delta) - \lg A_0(\Delta) \tag{2-9}$$

$$m_M = \frac{2}{3}\lg M - 6.1 \tag{2-10}$$

式中，M_L 为里氏震级；m_M 为矩震级；$A(\Delta)$ 为距离为 Δ 上测得的最大振幅，mm；A_0 为对照地震事件的振幅。

2.2.10 其他参数

除了上述参数之外，为了反映监测区岩体破裂规律，还需要选取与微震活动密切相关的微震活动参变量。考虑时间因素，选取的微震参变量主要包括两大方面：一是反应岩体总破裂次数、强度和变形的累计微震参变量，即累计事件数、累计微震辐射能和累计视体积；二是反应破坏时间效应的岩体平均破裂速率、能量和变形演化的微震参变量，即事件率、能量速率和视体积率。

（1）微震事件数：由于围岩应力场的变化，引起围岩体的错动、开裂等变化而产生应力波，岩体每释放一次弹性应力波称为一个微震事件（N）。累计事件数可用于破裂源的活动性和破裂动态变化趋势的评价，该参数直接通过波形的滤噪及定位获取。

（2）累计微震辐射能：将空间单元内的每个事件微震能量进行累加即可得累计微震辐射能，不管是较多小能量事件还是个数较少但单个事件能量较大的事件，只要累计微震辐射能越大，该区域岩体整体的破裂就越强。

（3）累计视体积：反映岩体的损伤程度，常用于描述围岩破坏变形的程度。

（4）微震事件率：单位时间内微震事件数，时间按天计算。微震事件率（$\dot{N}$）反映了微震的频度和岩体的破坏过程，反映微震事件随时间的平均演化规律。

（5）能量速率：单位时间内岩体微震辐射能量，时间按天计算。能量速率（$\dot{E}$）是岩体破裂强度演化的重要标志。

（6）视体积率：单位时间内岩体非弹性变形区岩体的体积，时间按天计算。视体积率（$\dot{V}_A$）是岩体破裂变形变化程度的重要标志。

微震事件数体现了选定预警区域内微破裂的集结程度，微震辐射能与视体积体现了微破裂的强度和尺寸，将其累计值与平均日变化率相结合，能综合说明岩体内部破裂或滑移的性质。上述时间单位均为天，当预警区域的微震活动非常活跃，可以考虑以小时为时间计算单元。

2.3　微震监测系统

2.3.1　微震监测系统组成

微震监测系统包括四个部分：传感器、监测基站、监测中心、监控与数据分析中心。四部分之间的信号传递路径与类型如下：传感器直接与岩体接触，接收到的是岩体内的弹性波；将接收到的电信号变换为便于显示、记录、控制、处理的标准电信号，并经过信号放大后，通过信号电缆线传输给监测基站；监测基站主要包含数据采集仪及配套设备，每个采集仪连接传感器个数视其通道数而定，单轴传感器连接一个通道，三轴传感器连接三个通道，而采集仪之间采取并联的方式进行连接。采集仪将电信号进行放大、滤波、采样、量化、编码以及 A/D 转换，形成数字信号，以便进行数字传输和分析处理。之后，监测中心通过通信方式汇总各监测基站数据，经过光纤收发器的 D/G 转换，数字信号被转换成光信号。最后通过光纤通信将数据传输到监控与数据分析中心，再经过 G/D 转换将光信号转换成数字信号，进行分析处理。此时，数据可供主机进行调阅与分析，也可借助于与主机终端相连的 GPRS 发射端把数据发送到远方的监控与数据分析中心，以便技术人员实时了解系统的运行状况并进行科研分析，或通过专家系统的分析与支持，把监测信息反馈给现场分析与决策人员。不难看出，整个网络系统能够实时将数据传递给各个分析与决策方，实现了数据的交互，为及时解决工程中可能出现的动力灾害问题提供了保障。其微震监测系统组成如图 2-4 所示。

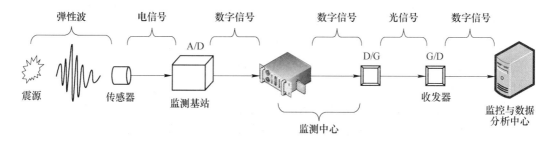

图 2-4　微震监测系统示意图

在微震监测中，为保证相关微震信号均可被传感器所捕捉，传感器在频率响应上应覆盖 80% 监测对象微震信号的主要频率范围，而频谱响应误差低于 10% 则可保证真实还原微震信号。传感器量程不大于主要微震信号（尤其是岩体失稳发生时产生的大能量微震信号）振幅，否则将发生微震信号消峰现象。目前参考国内外市场各类型传感器使用情况，总结传感器技术指标满足表 2-1。选择传感器时一般基于监测经验先圈定几种传感器作为备选，然后通过现场小范围的预监测试验确定最适宜的传感器。

表 2-1　传感器技术指标

序号	内容	技术指标	
1	传感器类型	速度型传感器	加速度传感器

续表 2-1

序号	内容	技 术 指 标	
2	频率范围	10~1000Hz	0.5~5000Hz
3	灵敏度	≥80V/（m/s)	≥1V/g
4	分辨率	—	≤0.0005g
5	谐波失真	≤0.5%	—
6	防护等级	≥IP67	≥IP67

　　矿山、水电等工程广泛使用的微震监测系统主要包括加拿大 ESG 微震监测系统、南非 ISS 微震监测系统、波兰 SOS 微震监测系统以及中科微震 SSS 微震监测系统，各微震监测系统的性能如表 2-2 所示。除此之外，还存在多种国内外自主研发的新型微震监测系统，在使用时需根据具体需求进行选择。

表 2-2　几种常见的微震监测系统[1]

性能	南非 ISS	波兰 SOS	加拿大 ESG	中科微震 SSS
规模	三维	基本上是二维	三维	三维
分量数	1 或 3 分量	1 分量	1 或 3 分量	1 或 3 分量
AD 转换位数	24	16	24	32
采样率	500Hz	500Hz	1000Hz	4000Hz
传输方式	电缆	电缆	光缆以及无线	电缆及光缆
传输速率	38.4kbps	19.2kbps	光缆 512kbps	光缆 512kbps
服务	GPS	GPS	GPS	GPS
能否现场标定	能	不能	能	能
信号处理功能	波形及定位显示	波形及定位显示	波形及定位显示	波形及定位显示

2.3.2　传感器选择、布置及安装

2.3.2.1　传感器选择

　　传感器类型主要分为速度型传感器和加速度型传感器，传感器的选择需根据监测的目的和岩体的岩性确定。岩体破裂产生的微震信号是一个宽频段的微震信号，一般破裂尺寸越大微震信号的主频越低，传播的距离越远。断层错动、滑移面等大尺度破裂产生的信号主频以低频为主，宜选用速度型传感器，比如白鹤滩水电站地下厂房错动带滑移监测。时效性破裂、剥落等小尺度破裂产生的信号主频以高频为主时，宜选用加速度型传感器。根据国内外深井矿山、露天边坡微震监测经验资料，可得矿山、边坡微震监测系统的传感器种类、频率和布置密度与地震强弱和监测范围大小之间的经验关系如表 2-3 所示。在实际工程可根据该经验关系选择传感器类型。

表 2-3 微震监测传感器参数变化与监测区大小关系

最小震级	最大震级	平均体积/km	传感器类型	频带宽/Hz
1~0	4~5	30×30×5	速度型	0.5~300
0~-1	4	3×3×3	速度型	2~2000
-3~-4	3	0.3×0.3×0.3	加速度型	3~100000

2.3.2.2 传感器布置的优化

传感器空间布置的优劣是决定监测区域微震定位效果的关键，往往对监测数据的可靠性和有效性有着巨大影响。一般而言，针对特定的监测区域，传感器数量越多，布置越密集，整体定位精度越高，但传感器布置数量还需要考虑经济因素。此外，传感器布置还受洞室分布、施工状态、地质条件等多种因素的影响。因此，传感器布置必须综合考虑多个因素，最终确定传感器布置的最优方案。

A 传感器位置候选点的确定

受巷道布置、开采、施工和现场条件等因素限制，并不是所有的地点都可以安装传感器。因此，初期必须选入一些可行的监测点作为传感器位置的候选点，再进行优化组合，最终确定传感器阵列的布设方案。为尽可能避免随机因素中 P 波波速和 P 波到时读入误差的影响，减少震源定位的误差，候选点的选择还要考虑所处的环境因素和开采活动的影响。因此选择候选点的一般原则[7]为：

(1) 传感器宜布置在监测区域周围，并宜在空间上将监测区域包围；
(2) 传感器与监测区域距离不宜超过 150m；
(3) 传感器宜布置在岩体稳定性和完整性良好的区域；
(4) 传感器宜远离高压设备、高压线等强电磁干扰区和密集施工区；
(5) 传感器布置位置应便于监测实施的操作和设备连接；
(6) 传感器不应沿同一直线、双曲线、平面或双曲面布置；
(7) 潜在围岩失稳高风险区域，传感器布置应加密。

根据影响冲击地压（岩爆）危险状态的地质因素和开采技术因素确定工程施工区域内需重点监测的高微震活动区域。在分析已发生的各种冲击地压灾害的基础上，利用综合指数法（参考文献 [8] 和 [9]），确定各种因素的影响权重，然后将其综合起来评价各区域内的冲击危险程度，最后由冲击地压危险状态等级评定综合指数，确定区域内发生冲击地压（岩爆）的概率 P，见表 2-4。

表 2-4 高微震活动区域内冲击地压发生概率

危险状态	冲击地压危险指数	区域内发生冲击地压的概率 P
弱冲击	0.25~0.5	0.35
中等冲击	0.5~0.75	0.65
强冲击	0.75~0.95	0.85
不安全	>0.95	1

B　传感器布设方案的优化方法

在确定完传感器位置候选点及各监测区域的冲击地压概率之后，需从 m 个传感器位置候选点中选择符合要求的 n 个候选点，其传感器布置方案共有 C_m^n 个。对于每一种传感器位置布置方案，Kijko 和 Sciocatti[10,11] 认为其优劣应由 X 的协方差矩阵 C_X 控制：

$$C_X = (A^T WA)^{-1} \tag{2-11}$$

式中，$X = \{t, x, y, z\}^T$ 为微震震源参数（t 为发震时刻；x、y、z 为震源三维坐标）。

A 可表示为：

$$A = \begin{bmatrix} 1 & \dfrac{\partial T_1}{\partial x} & \dfrac{\partial T_1}{\partial y} & \dfrac{\partial T_1}{\partial z} \\ \vdots & \vdots & \vdots & \vdots \\ 1 & \dfrac{\partial T_n}{\partial x} & \dfrac{\partial T_n}{\partial y} & \dfrac{\partial T_n}{\partial z} \end{bmatrix} \tag{2-12}$$

式中，T_i 为第 i 个传感器的走时（$i = 1, 2, \cdots, n$）；n 为传感器数。

$$T_i = \frac{\sqrt{(x_i - x)^2 + (y_i - y)^2 + (z_i - z)^2}}{v} + t \tag{2-13}$$

式中，v 为 P 波波速；x_i、y_i、z_i 为第 i 个传感器的坐标。

对角矩阵 W 中的对角元素可表示为：

$$W_{i,i} = \frac{1}{\left(\dfrac{\partial T_i}{\partial v}\right)^2 \sigma_v^2 + \sigma_t^2} \tag{2-14}$$

式中，σ_v^2 和 σ_t^2 分别为 P 波波速和 P 波首次到时读入方差。

上述协方差一般用置信椭球体解释，协方差矩阵的特征值表示椭圆主轴的长度，椭球体体积与协方差矩阵特征值的乘积是成比例关系。因此对监测系统记录的微震事件，对于 C_m^n 个传感器布置方案，使得下式最小化的传感器候选点组合即为最优化的传感器安装位置[12-14]：

$$obj = \min \sum_{j=1}^{n_e} p(h_j) \det[(A^T WA)^{-1}] \tag{2-15}$$

式中，n_e 为微震事件数；$p(h_j)$ 为震源 h_j 处发生冲击地压的概率。

例1　传感器坐标如表 2-5 所示，震源位置 $h = (700, 300, 450)$，单位为 m。假设所有传感器都能被触发，P 波波速期望值为 5000m/s，波速方差为 100m/s，P 波首次到时读入时间方差为 0.005s。求传感器阵列在震源 h 处的协方差矩阵 C_X 及其行列式。

表 2-5　传感器坐标

传感器编号	坐标/m		
	x	y	z
1	0	0	0
2	0	1000	0

传感器编号	坐标/m		
	x	y	z
3	1000	0	0
4	1000	1000	0
5	0	0	1000
6	0	1000	1000
7	1000	0	1000
8	1000	1000	1000
9	0	0	0
10	0	1000	0

解：第 i 个传感器的走时对 x、y、z 分别求偏导得：

$$\frac{\partial T_i}{\partial x} = \frac{x - x_i}{v\sqrt{(x_i - x)^2 + (y_i - y)^2 + (z_i - z)^2}}$$

$$\frac{\partial T_i}{\partial y} = \frac{y - y_i}{v\sqrt{(x_i - x)^2 + (y_i - y)^2 + (z_i - z)^2}}$$

$$\frac{\partial T_i}{\partial z} = \frac{z - z_i}{v\sqrt{(x_i - x)^2 + (y_i - y)^2 + (z_i - z)^2}}$$

将传感器坐标及震源坐标代入式（2-12）及式（2-14）中，可得：

$$A = 10^5 \times \begin{bmatrix} 1 & 15.83 & 6.78 & 10.17 \\ 1 & 12.87 & -12.87 & 8.28 \\ 1 & -9.70 & 9.70 & 14.55 \\ 1 & -6.78 & -15.83 & 10.17 \\ 1 & 14.90 & 6.39 & -11.71 \\ 1 & 12.36 & -12.36 & -9.71 \\ 1 & -8.64 & 8.64 & -15.84 \\ 1 & -7.16 & -16.70 & 8.35 \end{bmatrix}$$

$$W = 10^5 \times \begin{bmatrix} 2.67 & 0 & 0 & 0 & 0 & 0 & 0 & 0 \\ 0 & 2.28 & 0 & 0 & 0 & 0 & 0 & 0 \\ 0 & 0 & 3.21 & 0 & 0 & 0 & 0 & 0 \\ 0 & 0 & 0 & 2.67 & 0 & 0 & 0 & 0 \\ 0 & 0 & 0 & 0 & 2.56 & 0 & 0 & 0 \\ 0 & 0 & 0 & 0 & 0 & 2.20 & 0 & 0 \\ 0 & 0 & 0 & 0 & 0 & 0 & 3.06 & 0 \\ 0 & 0 & 0 & 0 & 0 & 0 & 0 & 2.76 \end{bmatrix}$$

由式（2-11）可得协方差矩阵：

$$C_X = (A^T W A)^{-1} = \begin{bmatrix} 390 & 17.0 & 73.9 & -8.60 \times 10^{-3} \\ 17.0 & 382 & 92.2 & 7.23 \times 10^{-3} \\ 73.9 & 92.2 & 390 & -7.03 \times 10^{-3} \\ -8.60 \times 10^{-3} & 7.23 \times 10^{-3} & -7.03 \times 10^{-3} & 5.16 \times 10^{-3} \end{bmatrix}$$

协方差矩阵的行列式：

$$|C_X| = 246.32$$

2.3.2.3 传感器的空间布置

受现场地质及施工条件的限制，传感器的空间布置通常达不到全包围的理想状态。因此在进行传感器空间布置时应综合考虑工程条件、传感器的空间方位、监测对象及目的等多种因素，针对不同的工况条件，基于传感器布设方案的优化方法，动态地实施不同的布置形式。目前典型岩石工程的传感器布置形式有：

A 隧道工程

钻爆法施工的隧道工程，由于爆破飞石的影响，传感器不宜距掌子面太近，靠近掌子面的一组传感器宜安装在爆破开挖飞石射程之外。沿隧洞轴线方向宜布置 2~3 组传感器，每组传感器不宜位于同一横断面。每组传感器数量宜为 2~4 个（图 2-5（a））。在 TBM施工的隧洞中，靠近掌子面的一组传感器宜布置在 TBM 刀盘与撑靴之间的围岩内。由于 TBM 自带钻机只能在以拱顶为中心 70° 左右的范围内凿岩，且隧洞下半部分均为 TBM 机体，其传感器放置的位置十分有限。因此，传感器一般只能放置在隧洞顶拱 10° 范围内，难以形成一个良性的阵列（图 2-5（b））。

B 地下厂房洞室群

在地下厂房洞室群，利用先期开挖形成的地下空间埋设传感器，从而可监测洞室开挖

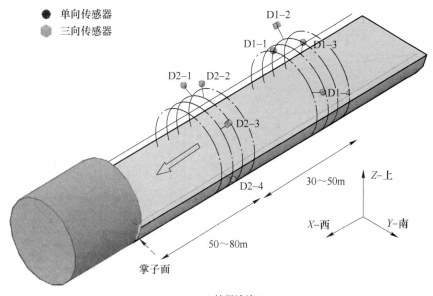

(a) 钻爆法施工

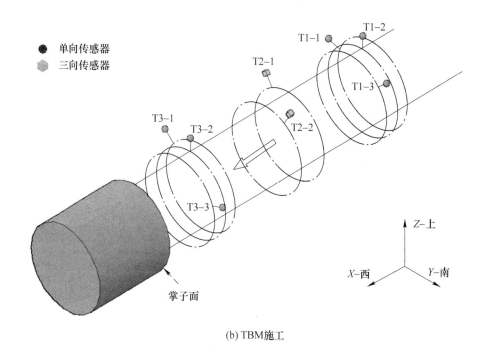

(b) TBM施工

图 2-5 隧道工程传感器布置示意图

围岩破裂全过程的微震信息，实时评估岩体失稳风险。由于现场条件限制，不可能对所有监测对象都能预埋传感器。考虑洞群区地质条件有时很难准确估计，因此需要根据实际监测情况动态地增补传感器，如主厂房上游侧墙、主厂房与主变室之间的中隔墙、母线洞底板及其顶板、调压井围岩等位置。施工前后的地下厂房洞室（群）传感器布置如图 2-6 所示。

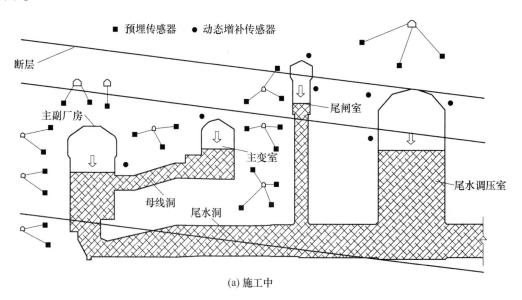

(a) 施工中

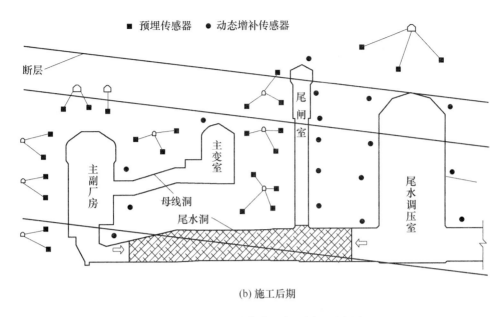

■ 预埋传感器　● 动态增补传感器

(b) 施工后期

图 2-6　洞室群传感器布置剖面示意图

C　边坡工程

岩质工程边坡传感器应充分利用边坡内已有的地下空间，重点布置在潜在滑移面附近（图 2-7），潜在滑体、滑床、滑坡趾和滑坡后壁周围均宜布置传感器。此外，存在失稳风险的区域宜增加传感器布置密度。

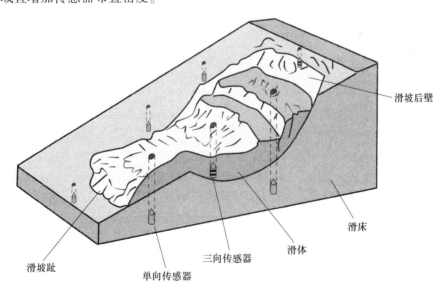

图 2-7　边坡传感器布置剖面示意图

2.3.2.4　传感器的安装

传感器安装方式主要有不回收的长期监测和需回收的移动监测[15]。

（1）传感器不回收的长期监测。在矿山、边坡等工程中，一般都是长期监测，因此传感器的安装采取无需回收的安装方式。将传感器安装到钻孔内并喷混凝土使其与岩体密切耦合，从而保证传感器能够不受巷道内施工活动产生的噪声影响。

（2）传感器需回收的移动监测。对于不断开挖的隧洞，微震监测过程中传感器需要随着掌子面的前移而不断挪动，实现移动监测以保证传感器能接收到掌子面附近的微震活动信号。无论是从成本角度还是现场施工的实际情况考虑，都无法采取传感器不回收的长期监测方法进行安装。为此，可以采用可回收装置回收传感器或者采用岩体表面安装方法。其优点是安装方便、快速，且大多数传感器均可安全回收。

2.3.3　微震信号通信方式

目前国内外广泛使用的微震监测通信方式有电缆通信、光纤通信、无线通信三种模式以及三种模式之间的组合。通信方式选择的原则是确保通信线路的通畅，尽可能多地获取监测数据。通信方式选择主要依赖于现场通信环境。长距离通信时，在现场条件允许的情况下一般采取无线通信，相对电缆和光缆通信，无线通信具有布置灵活、施工量小、故障易排查等优点，但容易受到外界电磁信号、移动物体干扰，存在数据丢包的风险。其次可考虑光缆通信，使用光缆通信传输距离远、不受外界电磁干扰，但一般情况下光缆线较细，在外界施工密集区易损坏，光缆防护工作尤为重要。电缆通信在施工密集处具有良好的抗损坏能力，且成本低，但也可能受到外界干扰。因此，选择通信方案时需考虑各通信方式的优缺点，为了更好地选择微震监测所需的通信方式，总结各通信方式的适用工况如表 2-6 所示。

表 2-6　通信方式的适用工况

序号	通信所处工况			宜选通信方案
	密集施工区或通信线路易损坏区	通信设备之间可视	强电磁干扰区	
1	是	是	是	光纤
2	是	是	否	无线
3	是	否	是	光纤
4	是	否	否	电缆
5	否	是	是	光纤
6	否	是	否	无线
7	否	否	是	光纤
8	否	否	否	光纤或电缆

2.3.4　微震分析软件

微震分析软件既要满足各采集仪的信号传入及数据远程传输，也要满足微震信号的分析处理及微震监测网络的状态查看。微震监测厂商不同，但微震信号分析软件均应包含以下功能：

（1）传感器、采集仪、授时服务器等设备工作状态实时查看；
（2）微震信号自动识别和到时自动拾取；
（3）微震事件自动定位及人工二次定位；
（4）微震辐射能、视体积、视应力和矩震级等微震源参数自动计算；
（5）微震事件随时间和空间演化及分布的三维显示；
（6）微震事件震源参数统计分析，软件、硬件及微震信号异常时自动报警。

2.4 微震信号分析方法

2.4.1 微震信号识别及滤波

微震监测过程中，由于工程现场条件复杂，如爆破、机械运动、电气设备等均会产生干扰信号，这些信号也会被监测系统记录下来。大量的干扰信号与微震信号混合在一起，使得识别并分析微震信号有一定难度，给后续微震活动性特征及规律性分析带来一定的影响。识别有效的微震信号，尤其是快速识别岩石破裂信号，然后进一步分析这些信号，得到岩体破裂位置与参数等信息，是微震监测中数据分析的主要工作。此外，干扰信号与其他噪声的混入，会造成 P 波与 S 波初至到时拾取的困难，从而造成微震源定位及参数计算的不准确。因此，需要对微震信号进行识别和滤波处理，以提高岩石破裂信号初至拾取和定位的准确性。

2.4.1.1 微震信号识别

为了准确地识别微震信号，时域、频域以及时频分析方法均被用于微震信号的分析和特征的提取。时域波形为微震信号最直观的表达形式，描述信号能量随时间的变化规律。但在波的传播过程中，干扰噪声和传播衰减对时域波形产生较大影响，在一定程度上掩盖了波形中所包含的信息。此外，时域上的波形表达形式无法反映信号能量随频率的变化。在频域上，微震信号被表示为频率的函数，即频谱，其描述信号能量在频域的分布，但频谱不能反映信号频率随时间的变化情况。而时频分析可以描述信号能量随时间、频率的变化，能显示更多的信息，在当前被广泛应用于微震信号分析与识别。

A 微震信号时频分析方法

微震信号的时频分析方法也较多，目前广泛使用的方法有短时傅里叶变换和小波变换等方法，为信号识别提供丰富的信息。

a 短时傅里叶变换

短时傅里叶变换[1] 由傅里叶变换演变而来，能体现信号频率特征随时间的变化规律，是加窗的傅里叶变换。短时傅里叶变换将时域信号加时间窗，假设在窗内信号是平稳的，并在时间窗内做傅里叶变换，通过时间窗在时间轴上滑动而得到信号的时频谱。短时傅里叶变换通过信号与窗函数 $g(t)$ 的内积实现，可用表示为：

$$\text{STFT}(\tau, f) = \int_{-\infty}^{+\infty} x(t)g(t-\tau)e^{-2\pi i f t}dt \tag{2-16}$$

式中，$x(t)$ 为原始信号；τ 和 f 分别为时间和频率。

短时傅里叶变换逆变换为：

$$x(t) = \int_{-\infty}^{+\infty} \int_{-\infty}^{+\infty} \text{STFT}(\tau, f) g(t - \tau) e^{2\pi i f t} \mathrm{d}\tau \mathrm{d}f \tag{2-17}$$

对于监测系统采集到的离散微震信号，短时傅里叶变换在等时间、频率（mT，nF）间隔处进行采样，其中 T、F 为时间和频率域的采样周期。离散信号 $x(t)$ 的短时傅里叶变换表达式为：

$$\text{STFT}(mT, nF) = \sum_{k=-\infty}^{+\infty} x(k) g(kT - mT) e^{-2\pi j (nF) k} \tag{2-18}$$

其逆变换形式为：

$$x(k) = \sum_{k=-\infty}^{+\infty} \sum_{k=-\infty}^{+\infty} \text{STFT}(mT, nF) g(kT - mT) e^{2\pi j (nF) k} \tag{2-19}$$

与快速傅里叶变换相比，短时傅里叶变换的优点在于其窗口能在时间轴上平移，提供信号不同时间点的频率信息，反映信号的时频特性。

b　小波变换

小波变换的提出是为了解决短时傅里叶变换时窗口不变的局限性。与短时傅里叶变换不同，小波变换在分析信号过程中，窗口面积保持不变，但其窗函数的时间窗和频率窗的尺度形态是可以调整的。对于高频信号，其具有较高的时间分辨率和较低的频率分辨率；对于低频信号，其具有较高的频率分辨率和较低的时间分辨率。小波变换的过程如图 2-8 所示。

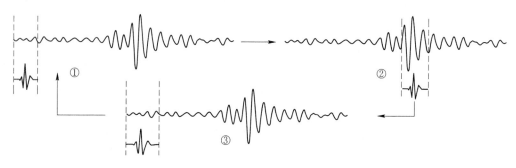

图 2-8　小波变换过程

由图 2-8 可以看出，小波变换主要有以下几个步骤：

（1）将小波函数与信号在开始端对齐，计算小波与信号在开始端的相似性，用 c 表示，c 值越高表明越相似；

（2）向末端移动小波函数，并计算小波与信号的相似性 c；

（3）放大或缩小波函数，以改变其时-频分辨率，并重复（2）（3）步骤；

（4）重复（1）（2）（3）步骤。

连续小波变换（Continuous Wavelet Transform，CWT）的定义为：

$$\text{CWT}(a, b) = \frac{1}{\sqrt{a}} \int_{-\infty}^{+\infty} h(t) w\left(\frac{t - b}{a}\right) \mathrm{d}t \tag{2-20}$$

式中，a 为尺度因子，b 为时移因子，且 $a \neq 0$，$b \neq 0$；$w(t)$ 为母小波；$h(t)$ 为时域信号。

对于离散信号变换（Discrete Wavelet Transform，DWT），时频面内采用非均匀采样，其采样网格定义为：

$$(t, a) = (nt_0 a_0 - m, a_0^{-m}) \tag{2-21}$$

式中，$t_0 > 0$；$a_0 > 0$；$m, n \in Z$。于是 DWT 定义为：

$$\mathrm{DWT}(n, m, \varphi) = a_0^{m/2} \int_{-\infty}^{+\infty} h(t)\varphi(a_0^{m/2} t - nt_0) \mathrm{d}t \tag{2-22}$$

B 微震信号特征

常见的微震信号主要包括以下 5 种：岩石破裂信号、爆破信号、电气信号、钻机信号、机械振动信号。利用 FFT 及小波变换等技术手段，可快速对不同类型信号的典型波形开展时域、频域及时频特征分析。

a 岩石破裂信号

岩石破裂信号来源于岩体内部裂纹的萌生、发展、贯通，信号持续时间通常小于 1s。当岩石破裂震源尺寸较大时，传感器采集到的波形一般振幅较大，受噪声干扰较小，历时较长，如图 2-9 (a) 所示。通过时域分析可准确拾取 P 波及 S 波的到时，几乎无需进行滤波处理即可进行定位；震源辐射波形的频带宽，但主频在 0~1000Hz 范围内，如图 2-9 (b) 所示。而当岩石破裂震源尺寸较小时，岩石破裂信号受噪声干扰明显，基于小波变换的滤波后信噪比有了较大提高，此类信号波形历时通常较短，如图 2-10 (a) 所示。信号频段集中于 1000~2000Hz，如图 2-10 (b) 所示，滤噪后 P 波及 S 波均易拾取，定位精度及震源参数可靠性得到了很好的保障。

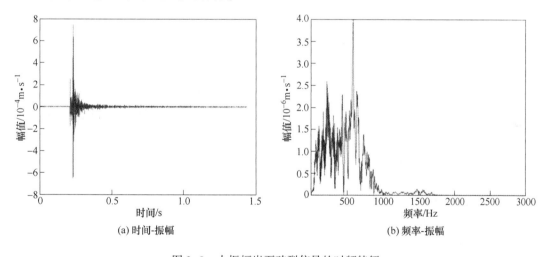

(a) 时间-振幅　　　　　　　　　　(b) 频率-振幅

图 2-9 大振幅岩石破裂信号的时频特征

b 爆破信号

掘进爆破时通常采用微差爆破方法，在时域及时频分布上爆破信号多表现出长间断、多波段的特点，爆破信号的时频特征如图 2-11 所示，其持续时间通常超过 1s，频率范围较广，振幅多为 10^{-2}~10^{-4}m/s。

c 电气信号

电气信号主要是电气设备产生的干扰，其时域和频域特征如图 2-12 所示。波形振幅较小，最大振幅的数量级通常为 10^{-6}m/s，噪声的频率较固定（如 50Hz 的正弦波），在整个波形记录里均有显现，对破裂尺寸较小的岩石破裂信号干扰明显。

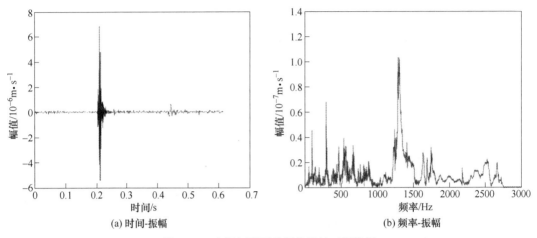

图 2-10　小振幅岩石破裂信号的时频特征

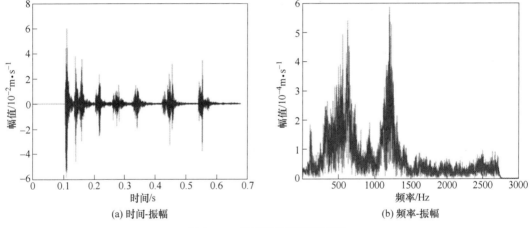

图 2-11　爆破信号的时频特征

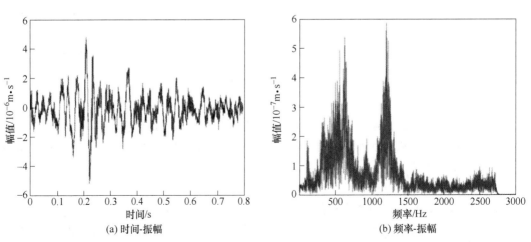

图 2-12　电气信号的时频特征

d　钻机信号

钻机信号的时频特征如图 2-13 所示，短间断且多波段，波形振幅偏小且随破岩设备的钻进强度而变化，最大振幅的数量级通常为 $10^{-7} \sim 10^{-5}$ m/s；波形持续时间一般较长且振幅变化较小。通常基于多波段、低振幅且在同一时段密集出现的特点，能有效判别出此类震源。

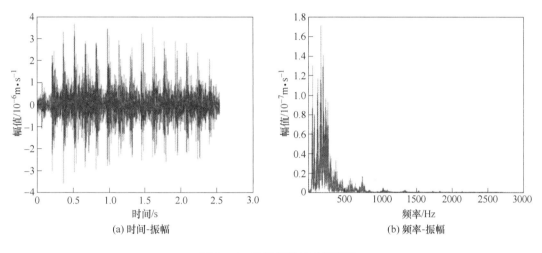

(a) 时间-振幅　　　　　　　(b) 频率-振幅

图 2-13　钻机信号的时频特征

e　机械振动信号

TBM 施工环境较为简单，机械振动信号主要来自 TBM 掘进时自身的振动；钻爆法的施工环境较为复杂，机械振动信号来源较多，如施工台车，鼓风机等。图 2-14 和图 2-15 分别为 TBM 与钻爆法的机械振动信号的时频特征，整体而言，两种工况下的机械振动信号波形在时域上均为多波段，但频域上体现出了振动不间断的特点。但 TBM 掘进段振动强度较大，波形振幅最大值的数量级通常为 10^{-3} m/s，钻爆法施工的设备振动强度较小，波形振幅最大值的数量级多为 10^{-6} m/s 或 10^{-5} m/s。

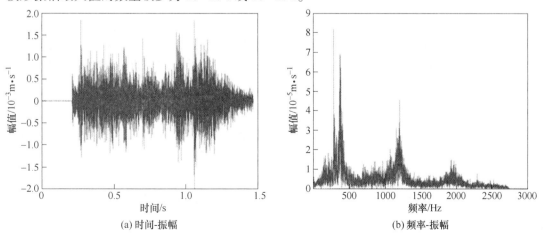

(a) 时间-振幅　　　　　　　(b) 频率-振幅

图 2-14　TBM 掘进机械振动信号的时频特征

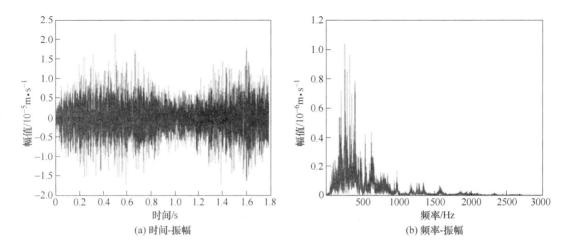

(a) 时间-振幅　　　　　　　　　　(b) 频率-振幅

图 2-15　钻爆法开挖机械振动信号的时频特征

2.4.1.2　微震信号滤波

由于背景噪声和岩石破裂信号具有不同的特征，通过频带分布的差异可消除或减弱背景噪声，提取有用的微震信号。为实现岩石破裂信号的去噪，并提取出掩盖在背景噪声下的微弱有效信号，微震监测中常采用数据采集时的硬件滤波和后期数据分析时的软件滤波。

（1）硬件滤波。在微震监测系统中，硬件滤波首先将信号通过有源带通滤波器，然后经过双积分 A/D 转换来消除干扰信号，这样就把大部分低频信号与超高频信号滤除，保留微震信号。从输入信号中提取一段频率范围内的信号，而对其他频段的信号起到衰减作用。

（2）软件滤波。采用硬件电路滤波易滤去有用信号，辅以软件滤波是智能传感器独有的。对各种干扰信号（包括低频干扰信号）进行滤波，一个数字滤波程序能被多个输入通道共用。常用的方法有均值滤波、中值滤波、数字滤波、卡尔曼滤波、小波滤波。

2.4.2　微震信号初至拾取

在微地震数据处理中，微震信号初至拾取是微震预警研究中一项基本的也是很重要的环节。微震信号初至拾取的精度直接影响到事件的定位精度和最终的成果解释，现今常用的信号初至拾取的手段有人工初至拾取和自动初至拾取[16]。

2.4.2.1　人工初至拾取

人工拾取主要依赖于人的经验，并借助辅助的波形振幅、能量、走时和时频等信息，手动拾取到时。采用手工目测读数或在计算机中交互式拾取 P 波和 S 波的初至时间说起来很简单，然而实际操作起来是很困难的。这是由于微震信号能量微弱，初值往往淹没在噪声背景里。而 S 波初至常常受到 P 波能量的干扰，尤其是距震源较近的传感器上记录到的岩石破裂信号。如果监测的信号比较好，滤波后就可以读出比较精确的初至时间。如果滤波后的波形还是不能清晰地读出初至时间，则可以找出它们第一个波峰或波谷（利用极值来实现），然后对比三个分量传感器的 P 波和 S 波波形来选择精确的初至时间，避免噪声干扰引起的读数误差。

2.4.2.2 自动初至拾取

随着计算机分析处理数据技术的发展，微震监测系统越来越注重时效性和准确性，因此提出了多种震相初至自动拾取方法，主要有：STA/LTA 方法、AR-AIC 方法、粒子极化法、分形维度法等。由于信号受到 P 波尾波重叠、传播途中采空区较多、波速校准困难、传播能量损失较大、幅值和频率变化不明显等各种因素的影响，S 波拾取准确性较差；而 P 波传播速度较快，初至较为明显，拾取较为准确。其中，STA/LTA 法具有算法简单、速度快、便于实时处理等特点，在微震监测系统中被广泛应用。

STA/LTA 算法是由信号的短时平均值（Short Time Average，STA）和长时平均值（Long Time Average，LTA）的比值来反映信号水平或能量的变化，当信号到达时，STA 比 LTA 变化得快，相应的 STA/LTA 值会有一个明显的增加。

假设 Y 为微震波信号，Y_i 为第 i 时刻微震波幅值，则采样点数为 n 的短时平均值 STA 为：

$$\text{STA}(i) = \left(\sum_{i}^{i+n} Y_i \right) / N_{\text{STA}} \tag{2-23}$$

式中，N_{STA} 为该短时窗内所包含的数据点数，若采样时间为 Δt，则该短时窗的时间长度为 $N_{\text{STA}} \cdot \Delta t$。

同理，采样点数为 m 的长时平均值 LTA 的定义为：

$$\text{LTA}(i) = \left(\sum_{i}^{i+m} Y_i \right) / N_{\text{LTA}} \tag{2-24}$$

式中，N_{LTA} 为该长时窗所包含的采样点数，则该长时窗的时间长度为 $N_{\text{LTA}} \cdot \Delta t$。

如果直接利用原始的波形信息进行计算，得到的 STA/LTA 值没有太大意义。为此引入一个新的时间序列 $CF(i)$ 来反映原始信号的变化特征，称为特征函数，基于此再计算 STA/LTA 的值。特征函数的选取对识别结果的精度至关重要，一般特征函数的选取应遵循如下规则：特征函数应能灵敏地反映信号到达时的振幅或频率等特征的变化，最好能增强这些变化。常见的特征函数有以下四种：

$$\text{CF}_1(i) = \left| Y(i) \right| \tag{2-25}$$

$$\text{CF}_2(i) = Y(i)^2 \tag{2-26}$$

$$\text{CF}_3(i) = Y(i) - Y(i-1) \tag{2-27}$$

$$\text{CF}_4(i) = Y(i)^2 - Y(i-1) \cdot Y(i+1) \tag{2-28}$$

除了上述的标准 STA/LTA 算法，还有延迟 STA/LTA 和递归 STA/LTA 算法。由于递归 STA/LTA 算法速度快而且结果比较平滑，在实际应用中使用也较为普遍，其表达式为：

$$\text{STA}(i) = \text{STA}(i-1) + \frac{\text{CF}(i) - \text{STA}(i-1)}{N_{\text{STA}}} \tag{2-29}$$

$$\text{LTA}(i) = \text{LTA}(i-1) + \frac{\text{CF}(i) - \text{LTA}(i-1)}{N_{\text{LTA}}} \tag{2-30}$$

式中，$CF(i)$ 为信号在 i 时刻的特征函数值。

STA 和 LTA 时间窗长的选取与计算结果的精度也有很大的关系，其值的选取需结合系统采样频率、特征函数和 STA/LTA 方法来确定；如对一个采样频率为 6kHz 的系统，特征函数选用式（2-26），并采用标准 STA/LTA 算法，则可以设定 STA 窗长为 50，LTA 窗长为 500。以岩石破裂信号为例，其 STA/LTA 曲线图如图 2-16 所示，可以看出 STA/LTA 曲线的最大值与岩石破裂波形的初至具有很好的对应关系。

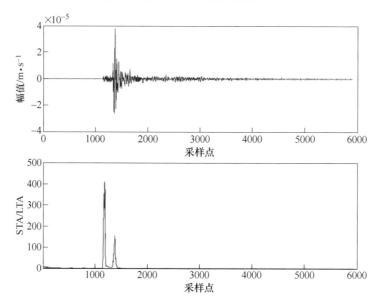

图 2-16　岩石破裂信号的 STA/LTA 曲线

2.4.3　微震源定位

微震源定位是微震监测中的核心部分，国内外学者对微震源定位进行了大量的研究工作，取得了非常丰硕的成果。影响微震源定位的关键因素主要有传感器阵列、信号初至拾取、波速模型、定位算法等[17]。传感器阵列优化和信号初至拾取之前已有介绍，不再赘述。本节着重介绍波速校正和定位算法。

2.4.3.1　波速校正

在微震监测技术中，波速是微震事件精确定位的关键参数，波速的准确与否直接关系到监测结果的可信度。而影响波速的因素复杂，除岩体的弹性模量外，还有岩性、密度、岩石成分、空隙度、孔隙内流体性质、饱和度、压力、埋藏深度、地质年龄及岩层各向异性等。此外，采矿工程的工作面、巷道等工程空间对微震波的传播路径及波速也有较大影响，因此在定位之前需要对波速进行校正。通过现场原位试验，进行爆破测试，采集爆破信号，根据已知爆破位置来反演波速。目前已形成多种波速反演方法，主要有最小二乘法、组合法、联合反演法、定位误差优化法、走时残差优化法。目前在定位中多假设岩体介质均匀，利用均匀波速模型。下面以最小二乘拟合为例来校正 P 波波速。

爆破测试时，记录爆破位置点 (x, y, z) 以及触发传感器坐标 (x_i, y_i, z_i)，从而得到各传感器到爆破事件的距离 R_i：

$$R_i = \sqrt{(x_i - x)^2 + (y_i - y)^2 + (z_i - z)^2} \tag{2-31}$$

监测触发传感器的 P 波初至时间为 t_i，则初至时间 t_i 与距离 R_i 的拟合直线为：

$$t_i = \frac{1}{v}R_i + t \qquad (2-32)$$

P 波波速的倒数 $1/v$ 与发震时刻 t 作为拟合直线的斜率与截距。

在二维坐标系内，纵坐标为 P 波初至时间 t_i，单位为 s；横坐标为震源到传感器的距离 R_i，单位为 m。某爆破事件的波速拟合结果如图 2-17 所示，其 P 波波速为 4166m/s，爆破事件的发震时刻为 22.254s。

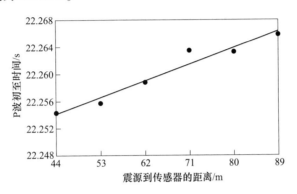

图 2-17　波速校正示意图

2.4.3.2　定位算法

对岩石破裂源进行定位是微震监测中最为根本的问题，微震信号具有与地震信号类似的震源机制和信号特征，因此微震源定位方法多来自地震学。由于在岩石工程尺度内 S 波拾取一直是一个难题，而 P 波拾取较为准确，因此常采用 P 波到时进行定位。在微震源定位中，到时不同震源定位方法是应用最为广泛的定位算法。它的基本思想非常简单，首先建立到时函数，然后采用一定的数学方法对到时函数进行分析、求解，最终确定震源位置和发震时刻。到时不同震源定位方法主要分为直接法、迭代法及群智能算法。下面介绍几种较简单的微震源定位算法（图 2-18）。

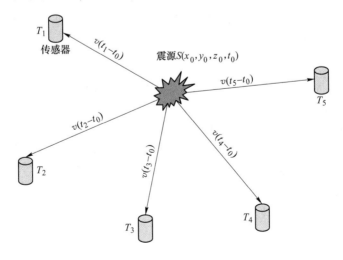

图 2-18　微震源定位示意图

A　最小二乘法

最小二乘法利用传感器接收到的微震信号的时间差来计算微震源的空间位置，算法简单，计算量小，能较快求得震源微震的解析解。且至少需要触发五个传感器才能进行定位，其推导过程详见 1.3.3 节，本节不再赘述。

B　Geiger 法

现行的定位方法大多源于 1912 年 Geiger 提出的 Geiger 法。该方法在地震领域应用广泛，能够将发震时刻与震源坐标同时求解，效果较好。其定位原理是通过一个给定的初始点，再多次迭代逐渐逼近微震源实际位置[18,19]。

对第 i 个传感器有：

$$v(t_i - t) = \sqrt{(x - x_i)^2 + (y - y_i)^2 + (z - z_i)^2} \tag{2-33}$$

对第 i 个传感器 P 波初至时间 t_i，其一阶泰勒展开式为：

$$t_i = t_{ci} + \frac{\partial t_i}{\partial x}\Delta x + \frac{\partial t_i}{\partial y}\Delta y + \frac{\partial t_i}{\partial z}\Delta z + \frac{\partial t_i}{\partial t}\Delta t \tag{2-34}$$

式中，t_{ci} 为计算的第 i 个传感器的 P 波初至时间，且 $\dfrac{\partial t_i}{\partial x} = \dfrac{x_i - x}{vR_i}$，$\dfrac{\partial t_i}{\partial y} = \dfrac{y_i - y}{vR_i}$，$\dfrac{\partial t_i}{\partial z} = \dfrac{z_i - z}{vR_i}$，$\dfrac{\partial t_i}{\partial t} = 1$，$R_i = \sqrt{(x - x_i)^2 + (y - y_i)^2 + (z - z_i)^2}$。

对 n 个传感器，由 $A\Delta\theta = B$ 矩阵方程式表示，其中：

$$A = \begin{pmatrix} \dfrac{\partial t_1}{\partial x} & \dfrac{\partial t_1}{\partial y} & \dfrac{\partial t_1}{\partial z} & 1 \\ \vdots & \vdots & \vdots & \vdots \\ \dfrac{\partial t_n}{\partial x} & \dfrac{\partial t_n}{\partial y} & \dfrac{\partial t_n}{\partial z} & 1 \end{pmatrix}, \quad \Delta\theta = \begin{pmatrix} \Delta x \\ \Delta y \\ \Delta z \\ \Delta t \end{pmatrix}, \quad B = \begin{pmatrix} t_1 - t_{c1} \\ t_2 - t_{c2} \\ \vdots \\ t_n - t_{cn} \end{pmatrix} \tag{2-35}$$

$$A^{\mathrm{T}}A\Delta\theta = A^{\mathrm{T}}B \tag{2-36}$$

$$\Delta\theta = (A^{\mathrm{T}}A)^{-1}A^{\mathrm{T}}B \tag{2-37}$$

$\Delta\theta$ 表示迭代过程中定位坐标的偏差，随后将 $(\theta + \Delta\theta)$ 作为新的震源点继续代入式（2-37）进行迭代，直到满足相关要求。

C　粒子群定位算法

粒子群算法（Particle Swarm Optimization，PSO）是一种新兴的群智能优化方法，其基本概念源于对鸟群捕食行为的研究。在 PSO 算法中，鸟被抽象为没有质量和体积的微粒（点），且假定鸟群只知道目前位置与食物（目标）的距离（适应度），不知道目标的具体方位，在捕食的过程中根据自己的飞行历程和群体之间信息的传递不断调整捕捉食物的方向和速度。PSO 的搜索过程主要是依靠粒子间的相互作用和相互影响完成的。粒子 i 的位置与速度的更新公式如下：

$$V_{id} = wV_{id} + c_1 r_1 (P_{id} - X_{id}) + c_2 r_2 (P_{gd} - X_{id}) \tag{2-38}$$

$$X_{id} = X_{id} + V_{id} \tag{2-39}$$

式中，w 为惯性权重；c_1、c_2 为非负常数的学习因子；r_1、r_2 为介于 [0, 1] 之间的随机数；d 为粒子的维度，$d = 1, 2, \cdots, D$。矢量 $\boldsymbol{P}_i = (P_{i1}, P_{i2}, \cdots, P_{iD})$ 和 $\boldsymbol{P}_g = (P_{g1},$

P_{g2}，…，P_{gD}）分别为第 i 个粒子迄今为止搜索到的最优震源参数和整个粒子群迄今为止搜索到的最优震源参数。每个粒子在 D 维空间的位置 X_{id} 就是其在问题空间中的一个潜在解。将其代入目标函数就可计算出其适应值，最后根据粒子适应值的大小来衡量 X_{id} 的优劣。PSO 方法操作简单，使用方便，且在多极值非线性问题中易解得全局最优解，但收敛速度与精度有待于进一步提高。为此，将 PSO 方法被引入微震源定位中。

设第 i 个传感器计算到时为：

$$t_i = t + \frac{\sqrt{(x_i - x)^2 + (y_i - y)^2 + (z_i - z)^2}}{v} \tag{2-40}$$

那么相邻两个传感器 $i+1$ 和 i 的到时之差为：

$$\Delta t_i = t_{i+1} - t_i = \frac{R_{i+1} - R_i}{v} = \frac{\Delta R_i}{v} \tag{2-41}$$

那么微震源位置和速度模型的适应值函数[20]可以描述为：

$$Q = \sum_{i=1}^{n} \left(\Delta W_i - \frac{\Delta R_i}{v} \right)^2 \tag{2-42}$$

式中，ΔW_i 为第 $i+1$ 个传感器与第 i 个传感器监测到时之差，当 $i=n$ 时，$\Delta W_n = W_1 - W_n$，n 为传感器个数。使得 Q 趋于零时，解得的 v、x、y、z，即为最佳速度模型和微震源位置。

根据时差定位原理，评价发震时间 t 的适应度函数为：

$$Q = \sum_{i=1}^{n} \left[W_i - t - \frac{\sqrt{(x_i - x)^2 + (y_i - y)^2 + (z_i - z)^2}}{v} \right]^2 \tag{2-43}$$

定位时将震源定位时容易相互关联的速度和发震时间分层求解，先以式（2-42）为目标函数求解 v 和 x、y、z 值，然后将 v 和 x、y、z 代入式（2-43），求 t 的解，t 的表达式：

$$t = \frac{\sum_{i=1}^{n} \left(W_i - \frac{R_i}{v} \right)}{n} \tag{2-44}$$

基于 PSO 法的微震源定位算法流程如下：

（1）初始化 PSO 算法的参数、微震源坐标 X_i 和波速模型。

（2）将 X_i 代入式（2-42）计算粒子的适应值 Q，判断是否满足事先设定的飞行次数和定位精度，若满足，进行步骤（4）；否则，进行步骤（3）。

（3）根据式（2-38）和式（2-39）更新粒子的位置 X_i 和搜索速度 V_i，返回步骤（2）。

（4）将识别到的微震源坐标和波速代入式（2-44），直接解得使 Q 最小的震源发震时刻 t。

2.4.3.3 定位效果表示

微震源的定位效果可采用定位误差和三维空间显示来表示。

（1）定位误差。进行微震活动性规律分析时，监测系统的定位误差是一个非常重要的因素，其计算公式为：

$$r = \sqrt{(x - x_0)^2 + (y - y_0)^2 + (z - z_0)^2} \tag{2-45}$$

式中，计算震源坐标为 (x, y, z)，已知震源坐标为 (x_0, y_0, z_0)。

定位误差 r 的大小体现着定位效果的优劣。

（2）微震源的三维空间显示。微震源的定位效果可采用直观的三维空间来显示，如图 2-19 所示。其中，球体代表微震事件，球体颜色代表微震事件震级大小，颜色越鲜艳震级越大；球体大小表示事件的释放微震能大小，球体越大释放能量越多。

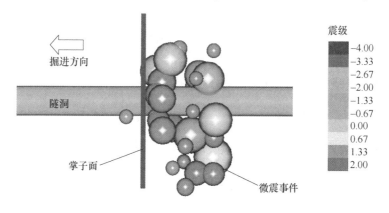

图 2-19　微震事件的三维显示图

2.4.4　微震辐射能量计算

在微震事件的各项表征参数中，微震事件的辐射能量是极其重要的震源参数。对微震事件进行时空演化，通常会计算微震事件辐射能量，将辐射能量作为微震事件的大小。然后分析微震事件与辐射能量的空间演化规律，确定地质灾害易发生的位置以及评估地质灾害的等级大小，从而达到地质灾害的动态预测、评估和预警的目的，进而对工程的施工和支护进行动态调控。

自 20 世纪 60 年代地震位错模型建立以来，辐射能模型及计算方法得到快速发展，建立了多种地震波辐射能定量估算关系及方法。岩石工程微震辐射能量计算模型的许多理论与方法大都来源于天然地震的研究成果。当前常见微震监测系统主要使用的微震辐射能量计算方法是基于能流密度方法，使用微震信号计算辐射能量。

在地震学中，地震波的能流密度可表示为：

$$J = \rho v \dot{u}^2 \tag{2-46}$$

式中，$v = v_{\mathrm{p}}$，v_{S}，分别为 P、S 波传播速度；u 为介质的位移，即质点的振动幅度；而 $\dot{u}$ 是 u 的时间导数，表示质点的振动速度。

能流密度是单位时间内垂直通过波的传播方向上单位面积的能量。对能流密度进行时间积分则是面能量密度，对面能量密度的面积分才是能量。但是，由于微震事件产生的辐射并不是球形均匀的（即在各个方向辐射的大小并不是相等的），工程现场布置的微震传感器也不可能以球形均匀地布置在震源周围。所以从原则上说，进行辐射能量计算所要求的面积分，几乎是不可能得到的，作为一个近似，一般取一个平均结果，辐射能量计算公式见式（2-2）。当震源的破坏机制符合 Brune 模型时，式（2-2）也可表达为：

$$E = 8\pi^4 \rho v f_0^3 \Omega_0^2 \tag{2-47}$$

微震辐射能计算是一个极为复杂的过程，主要步骤包括仪器响应矫正、微震波衰减矫正、理论震源谱计算、微震辐射能计算等。

（1）仪器响应矫正：通常的微震传感器接收信号都有一定的频带宽度，超出这些频带宽度，信号则会失真。此时需要将记录的信号与传感器的系统响应进行反卷积计算，得到相对真实的传感器接收到的波动信息。

（2）微震波衰减矫正：当微震波在介质中传播时，由于介质是非完全弹性和非均匀性的，微震波能量会发生损失或者重分配。其中，介质的非完全弹性造成波的能量被介质吸收的衰减为固有衰减；而介质的非均匀性造成波能量的重分配为散射衰减。固有衰减和散射衰减构成了总衰减，使用衰减矫正后的波形，可以得到震源附近处的辐射信息。

（3）理论震源谱计算：在地震学中，不同的震源破裂模式对应着不同的震源谱模型，使用衰减矫正后的波形来拟合理论震源谱，得到相关参数。

（4）微震辐射能计算：可以使用上述理论震源谱参数来计算微震辐射能。

在上述过程中，涉及仪器响应、微震波衰减、震源辐射图形理论、震源谱模型理论、频谱分析等较为复杂的理论知识，这些理论和方法在微震监测中还有待丰富和完善。

2.4.5 微震震源机制分析

微震震源机制是指微震发生的物理力学过程，是微震监测的基础和前提，可以深入分析发震的内外诱因、岩石断裂机理和应力释放模式等。破裂过程中微震释放的弹性波是地质形变、力学形变的相关表达，分析微震信号的特征是对微震产生裂缝形变特征的描述，是反演微震的震源相关参数的基础和前提。微震信号的振幅特性与其震源强度、能量或震级有关，微震信号的频率与其滑动持续时间、应力释放或能量输出等有关。因此，可以根据微破裂产生信号的特征来研究微震震源机制，从而获得裂缝的破裂模式（拉张或剪切）、裂缝面方位和主应力变化等。震源机制的分析及表征方法[21]主要有以下几种：

2.4.5.1 P 波信息反演

初动是指最初的 P 波到达传感器，由于不需要考虑振幅效应，P 波初动一直用来确定双力偶震源。初动方向向上表示推力、压缩或离源，初动方向向下表示拉力、膨胀或向源。采用沙滩球图形进行表示（如图 2-20 所示），P 波初动向上的压缩区域用黑色表示，P 波初动向下的膨胀区域用白色表示。N 轴位于断层面和辅助面的交线上，与 P 轴和 T 轴分别垂直，与中间主应力相对应。P 轴是压缩象限的中心，与最大主应力相对应。T 轴是最扩张象限的中心，与最小主应力相对应。

之后，Zang 等通过花岗岩压缩试验，提出利用传感器接收的 P 波初动的幅值极性平均值表示单个事件的破坏机制，幅值极性表达式为：

$$\text{pol} = \frac{1}{k} \sum_{i=1}^{k} \text{sign}(A_i) \tag{2-48}$$

式中，k 为传感器个数；A_i 为第 i 个传感器的 P 波初动幅值。

sign 为符号函数，即：

$$\text{sign}(A) = \begin{cases} 1, & A > 0 \\ 0, & A = 0 \\ -1, & A < 0 \end{cases} \tag{2-49}$$

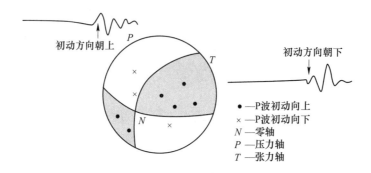

图 2-20　P 波初动绘制沙滩球示意图

pol 值可以用于区分事件的破坏类型，当 $-1 \leqslant \text{pol} < -0.25$ 时，为张拉型破坏；当 $-0.25 \leqslant \text{pol} \leqslant 0.25$ 时，为剪切型破坏；当 $0.25 < \text{pol} \leqslant 1$ 时，为压缩型破坏。

2.4.5.2　矩张量分析

矩张量可以分析岩石失稳破坏过程中的破裂机制、震源参数和能量等信息。二阶矩张量 M 的解释是抽象的，也是比较复杂的。Gilbert 首先引进了矩张量（Moment Tensor）的概念，将其定义为作用在一点上的等效体力的二阶矩。矩张量是岩石破裂震源等效力的概念，就如同应力张量一样。在一定的判别标准下，采用矩张量可以获得岩石破裂的破裂类型和破裂面信息。

Strelitz 通过研究发现，对于点源，记录的位移 u，可以表示为格林函数一阶偏微分（G'）和二阶矩张量（M）的乘积：

$$u = G'M = cFM \tag{2-50}$$

式中，$c = 1/(4\pi\rho v^3 r)$；ρ、v 和 r 分别表示岩体的密度、波速和震源与传感器之间的距离；F 为激励矩阵。

由上式可知，传感器记录的波形位移，包括破裂源等效力的信息（矩张量）、应力波在岩体内的传播效应（格林函数）以及应力波在传播路径中的衰减和传感器对应力波的响应等。因此，矩张量计算之前，需要获得考虑传播衰减的传感器波形振动位移和表征应力波传播效应的格林函数。

二阶矩张量具有 9 个分量，如图 2-21 所示。等效力满足角动量守恒定律，因此矩张量是二阶对称张量，9 个分量元素中只有 6 个独立分量，分别为 M_{11}、M_{12}、M_{13}、M_{22}、M_{23}、M_{33}。将二阶对称矩张量进行特征值化，得到其三个特征值 M_1、M_2、M_3。将特征值化后的矩张量写为列矩阵形式，并将其分解为各向同性部分和偏张量部分，其表达式为：

$$\begin{bmatrix} M_1 \\ M_2 \\ M_3 \end{bmatrix} = M^{\text{ISO}} \begin{bmatrix} 1 \\ 1 \\ 1 \end{bmatrix} + \begin{bmatrix} M_1' \\ M_2' \\ M_3' \end{bmatrix} \tag{2-51}$$

式中，$M^{\text{ISO}} = (M_1 + M_2 + M_3)/3$ 为矩张量的各向同性部分，M_1'、M_2'、M_3' 分别为三个矩张量特征值对应的偏张量部分。

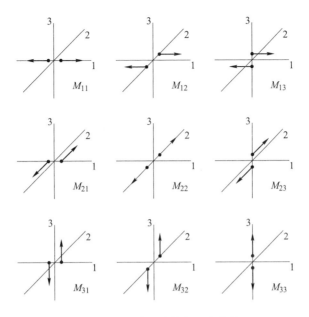

图 2-21 二阶矩张量的 9 个分量

Aki 和 Richard 提出的剪切破裂和张拉破裂的矩张量特征值表达式,考虑岩石破裂过程中主矩方向和大小一定的条件,认为剪切破裂和张拉破裂的矩张量形式具有相同的主轴方向。为此,使用 M^{DC} 表示矩张量剪切破裂部分的大小,将矩张量的张拉破裂部分分解为 M^{CLVD} 和 M^{ISO} 两部分(如图 2-22 所示)。使用 DC% = $M^{DC}/(\,|M^{DC}|+|M^{CLVD}|+|M^{ISO}|\,)$ 来计算得到矩张量中剪切破裂分量的比重,并根据剪切破裂部分所占矩张量的比重来进行破裂类型的判断:

$$\begin{cases} DC\% \leqslant 40, & 张拉破裂 \\ 40 < DC\% < 60, & 混合破裂 \\ DC\% \geqslant 60, & 剪切破裂 \end{cases} \tag{2-52}$$

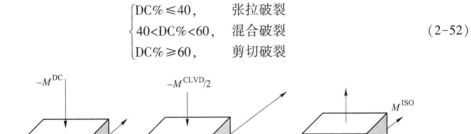

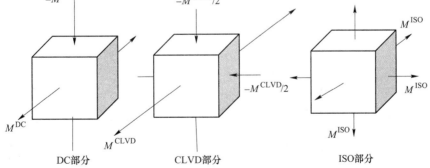

图 2-22 基于相同主轴方向原理的矩张量分解

2.4.5.3 能量比判别方法

P 波和 S 波能量比可以用来评估单个事件的破裂类型为剪切破裂还是非剪切破裂。对于一般地震，其释放的 S 波能量大概为 P 波能量的 20～30 倍；而在张拉失效岩体中破裂事件所释放的 P 波和 S 波的能量是近似相当的。因此，对于破裂过程包含张拉破裂的事件，其 E_S/E_P 小于 10；如果 E_S/E_P 大于 20～30，那么 P 波释放的能量仅占 S 波释放能量很小的一部分，剪切破裂是其主要破裂类型。

2.5 微震监测技术在岩石工程中的应用

微震监测技术已在岩石工程中得到广泛应用，本节以深埋隧道和金属矿山为例，简要介绍微震监测技术在岩爆（冲击地压）监测预警方面的应用。

2.5.1 深埋隧道

西南某隧道隧址区地质构造复杂，最大埋深为 2080m。正洞预测岩爆段落共计 12242m，占全隧的 94%，其中轻微岩爆为 4106m，中等岩爆为 5922m，强烈岩爆为 2214m。进口平洞与导洞预测岩爆段共计 3804.83m，占其长度的 94%，其中轻微岩爆为 2846.83m，中等岩爆为 1158m。出口平洞与导洞预测岩爆段落共计 3355m，占其长度的 82%，其中轻微岩爆为 1460m，中等岩爆为 1895m。自 2015 年 11 月隧道进口平洞与导洞首次发生岩爆以来，随着掘进的深入，埋深的增加，该隧道各施工作业面岩爆越发频繁，强度越发激烈，危害越发明显，安全风险极高，对作业人员造成严重的身体及心理的创伤，且表现出新的特点与规律。图 2-23 为一次强烈岩爆的发生过程示意图。岩爆发生期间该洞段并无施工活动，岩爆呈"间歇式"发生，岩爆区域深度不断增大，持续时间达 108 小时。如何有效预警高强度间歇式岩爆风险已成为亟待解决的核心技术问题，为此引入微震监测系统进行岩爆预警。

11月20日7:00岩爆后断面

(a) 11月20日

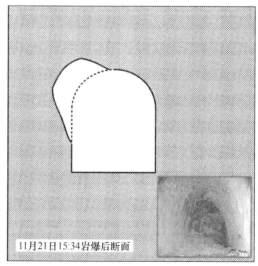

11月21日15:34岩爆后断面

(b) 11月21日

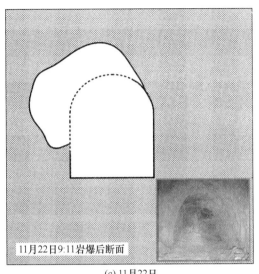 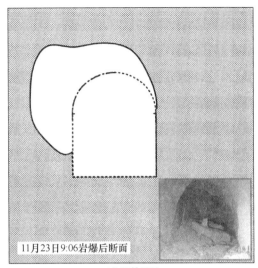

(c) 11月22日   (d) 11月23日

图 2-23　强烈岩爆发展过程示意图

2.5.1.1　微震监测系统搭建

微震监测系统包含了掌子面处的传感器、紧跟掌子面监测中心和洞外监控与数据分析中心。岩爆微震实时监测与预警系统搭建如图 2-24 所示，该系统由两个监控与数据分析中心组成：一个设立在工程现场，主要负责微震数据的收集、保障系统正常运行、数据系统分析、现场地质勘查与岩爆预测预警；另一个设立在科研单位，主要负责理论研究、数据的二次分析、数值模拟和岩爆预测预警综合决策。

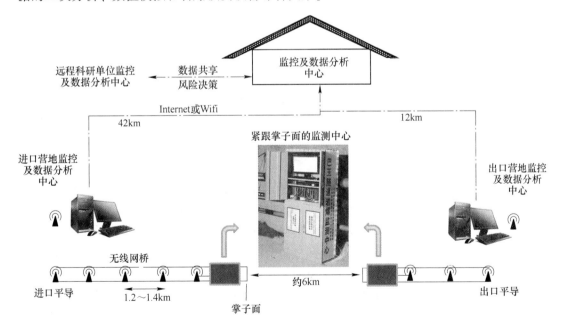

图 2-24　某隧道岩爆微震实时监测与预警系统示意图

综合考虑该隧道进、出口现场施工情况和监测条件，以及岩爆位置不断偏转的现象，设计如下微震传感器阵列布置方案，如图 2-25 所示：

（1）距掌子面约 60~70m 处布置第一组共 4 个（编号 G1~G4）传感器。G1~G4 均为单向速度型，钻孔深度为 3m，超过松动圈范围。钻孔直径约为安装传感器直径的 1.5 倍，为 75~80mm。传感器沿隧道轴向及断面的布置如图 2-25（a）和（b）所示，相邻传感器沿轴向相距 2m。

（2）当第一组传感器距离掌子面约 100m 时，安装第二组传感器，共 4 只（编号 G5~G8）。其中传感器类型、各传感器沿隧道轴向及断面的布置如图 2-25 所示。

（3）掌子面继续推进至距第一组传感器约 130m 处时，回收第一组传感器，并在距当前掌子面 70m 处安装第三组传感器，安装方式与第一组相同。

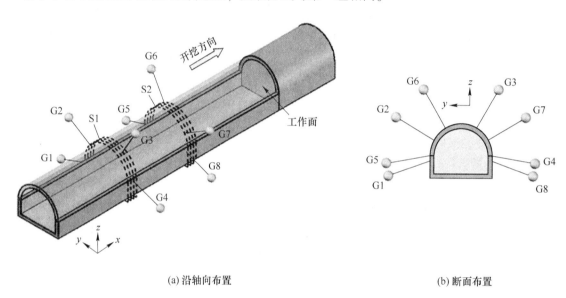

(a) 沿轴向布置　　　　　　　　　　　　　　　(b) 断面布置

图 2-25　微震传感器阵列布置

至此重复上述步骤（1）和（2），在隧道轴线上实现传感器紧跟掌子面移动的实时监测。需要指出的是，在隧道断面上，根据隧道断面形式设计为对称式传感器布置，能保障隧道两侧岩体微破裂的精细定位。

2.5.1.2　微震信号滤波

为了对微震信号进行滤波处理，首先通过预监测试验，获取岩石破裂源（岩爆、岩石破裂信号）及噪声源（机械振动信号、电气信号、钻机信号及爆破信号等）的典型波形特征。然后根据微震信号特征参数和信号类型，建立相应的数据库，利用神经网络表征它们之间的特征关系，建立微震信号神经网络初始识别模型。随着监测数据的不断累计，动态更新微震信号数据库和神经网络识别模型，保障信号识别的速度和精度。

对监测区域内微震监测数据进行滤波处理，滤波前后的结果如图 2-26 所示。$\lg E$ 为能量的对数，球体越大则能量越大。结果表明，滤波方法较好地滤除了锚杆钻机、爆破、电气噪声、施工设备振动等环境噪声，大大提高了数据分析的效率与岩爆预警的可靠性。

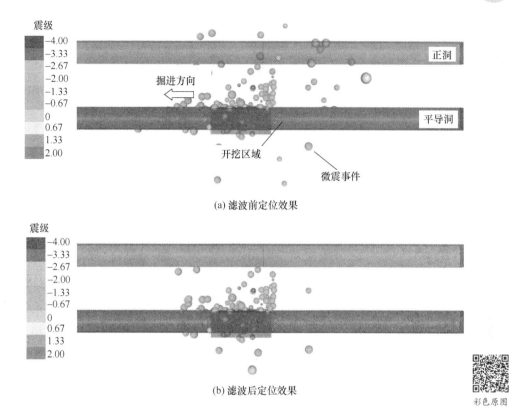

图 2-26 滤波前后定位结果对比图

2.5.1.3 岩爆孕育过程的微震活动演化规律

A 微震事件数与微震释放能量随时间演化规律

隧道进口平洞与导洞在 2017 年 5 月 20 日至 5 月 25 日中等岩爆孕育过程中，微震事件数和微震释放能随时间的演化规律如图 2-27 所示。从图中可以看出，微震事件数由 20 日

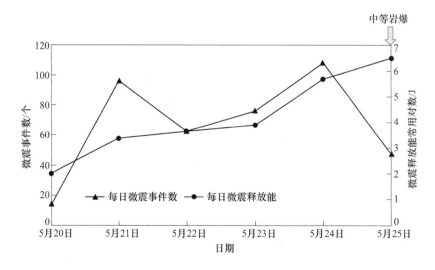

图 2-27 微震事件数和微震释放能随时间演化规律

的 14 个增长到 24 日的 109 个，整体呈逐渐增长，于岩爆发生前一日达到最大值。这是因为岩爆发生后当日停止施工，不再对围岩扰动。而微震释放能对数由 20 日的 2.01 递增至 24 日的 5.69，岩爆发生当日则达到最大值。这时岩爆对应微震事件当地震级达 1.0，发生时刻微震释放能达到 10^6J。

　　B　微震事件的空间演化

　　5 月 25 日中等岩爆孕育过程中微震事件的三维显示图如图 2-28 所示。可以看出，微震事件在岩爆发生侧集中明显。图 2-29 为该次中等岩爆孕育过程中微震事件的每日空间演化特征，可以看出微震事件由离散分布不断向岩爆发生区域集核。

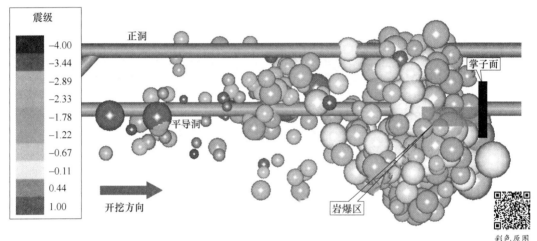

图 2-28　微震事件数的三维显示图

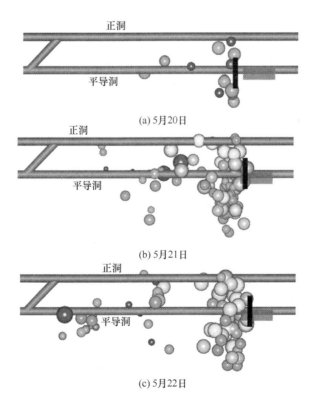

(a) 5月20日

(b) 5月21日

(c) 5月22日

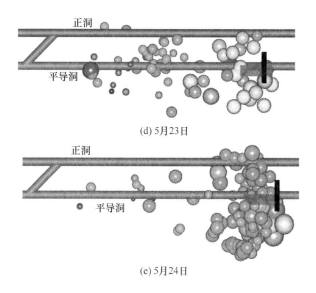

(d) 5月23日

(e) 5月24日

彩色原图

图 2-29　5 月 20 日至 5 月 24 日的微震事件的空间演化规律

综合上述分析，典型中等岩爆孕育过程中通常呈现为：（1）微震事件数和能量呈不断递增的趋势；（2）微震事件在空间上向岩爆区域不断聚集。

C　沿隧道轴线分布特征

图 2-30 为隧道进口平洞与导洞微震活动和岩爆分布对比图。可以看出，微震活动集核区域与岩爆发生位置基本一致。岩爆沿轴线呈区域式集中发育，进口平洞与导洞微震活动整体呈较为活跃的状态，频发中等与轻微岩爆。微震活动与岩爆活动呈正相关关系：一方面，微震活动活跃程度较高的区域，岩爆发生频次越高；另一方面，微震活动聚拢程度较高的区域，岩爆发生等级越高。

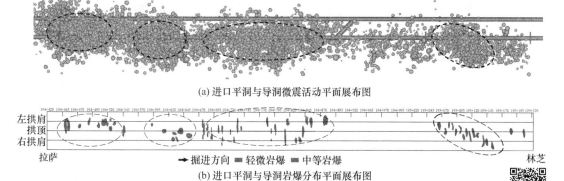

(a) 进口平洞与导洞微震活动平面展布图

拉萨　　　　→掘进方向　■轻微岩爆　■中等岩爆　　　　林芝
(b) 进口平洞与导洞岩爆分布平面展布图

图 2-30　进口平洞与导洞微震活动和岩爆分布对比图

彩色原图

2.5.2　金属矿山

抚顺某铜矿是我国典型的深部金属矿山之一，目前该铜矿开采深度已进入 900～1200m，开拓深度已达 1300m，地压显现突出，多处发生岩爆、应力型塌方等动力型灾害，已经成为制约该矿山安全开采的首要灾害。根据 47 采场区域地质情况及前期其他采场开采反馈信息，该区域开采过程顶底板、周围巷道及矿柱有发生岩爆、垮塌与冒落等灾害的风险。因此，为预警和调控开采过程岩爆等灾害发生的风险，引入微震监测系统来监测该采场。

2.5.2.1 微震监测系统及监测方案

微震监测系统硬件由传感器、信号保真盒、数据采集仪、授时服务器、数据服务器和相关数据通信设备组成。软件由采集仪配置软件（MAC）、采集仪通信信息转发软件（ACC）、微震系统数据转发软件（MDC）、微震系统配置与监控软件（MMC）、波形实时动态监测软件（WDM）、岩土工程灾害孕育过程微震信息实时辨识与分析软件（GMS）、岩土工程灾害孕育过程信息三维动态显示软件（GMD）组成，其中 MAC 负责采集仪的监控与管理，MMC 负责微震系统的监控与管理，GMS 负责工程微震活动的监测、分析与预警，GMD 负责微震信息及灾害风险的三维显示。

抚顺某铜矿 47 采场布设微震监测系统，主要包含 2 台高精度采集仪（16 个通道）、1 台高精度授时服务器、10 个单向速度型传感器、2 个三向速度型传感器和相关通信设备，整个微震监测系统的网络拓扑图如图 2-31 所示。微震监测系统可实现远程监控与数据传输，数据可实时传输到监控及数据分析中心，并把分析后的数据及时发送到管理部门及相关领导办公室，供相关部门及领导决策。

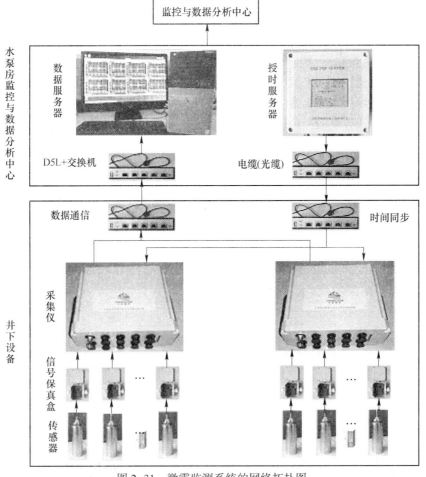

图 2-31 微震监测系统的网络拓扑图

根据现场开采顺序及可能出现的灾害风险区域，通过系统优化在采场 647 和 707 中段各布置 1 台高精度采集仪，每个中段各布置了 6 个速度型传感器，其中 5 个单向速度型和 1 个三向速度型，传感器布置方案如图 2-32 所示。

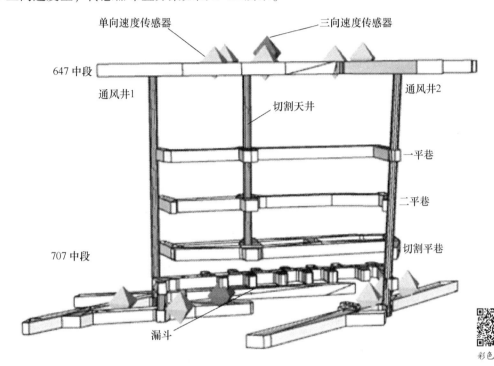

图 2-32　传感器布置方案

2.5.2.2　岩石破裂事件随时间的演化规律

抚顺某铜矿 47 采场大爆破前后岩石破裂事件数的演化规律如图 2-33 所示。大爆破前 5 天岩石破裂事件数较少，日平均事件数 17 个，单日最多 38 个岩石破裂事件。大爆破当日（6 月 8 日）事件数达到 176 个，大爆破后端午节放假（6 月 9 日至 11 日），现场生产活动较少，岩石破裂事件较少。6 月 12 日之后，受出矿二次爆破等现场作业影响，监测区岩石破裂事件明显增加，日平均事件数 43 个，单日最多 91 个。

大爆破当日（6 月 8 日），微震事件随时间分布如图 2-34 所示。可以看出大爆破前微震活动分 3 个明显时段：早上 8 时前，现场基本无岩石破裂事件，非常平静；8～13 时，受凿岩、装药等大爆破前准备工作的影响，微震事件相对较多；13～15 时大爆破前，人员疏散，现场比较平静，无岩石破裂事件；15 时 29 分大爆破发生，在之后半小时内产生了 77 个微震事件，岩石破裂事件非常多，岩石破裂活跃；之后的 5～6 小时岩石破裂事件逐渐减少，逐渐趋于平稳。

总体看，大爆破时微震事件数较多，岩石破裂微震活动频繁。大爆破后，在出矿二次爆破等现场作业的频繁扰动下，岩石破裂也比较活跃，但岩石破裂微震活动整体呈趋于稳定趋势。

由图 2-33 和图 2-35 可以看出，大爆破前 47 采场及其附近岩石破裂事件数较少，微震事件空间分布比较离散，空间上没有形成明显的事件聚集区，47 采场及附近围岩整体

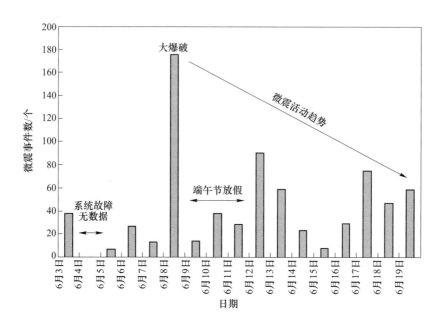

图 2-33 大爆破前后岩石破裂事件数的演化规律

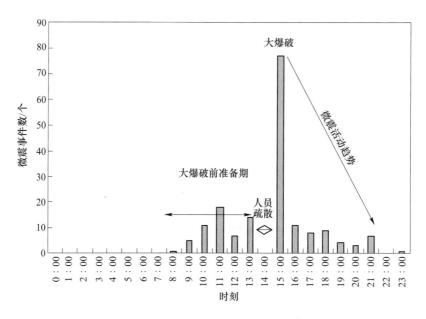

图 2-34 大爆破当日微震事件随时间分布

表现稳定。大爆破当日（6月8日）岩石破裂事件数突增至176个，受大爆破影响47采场内及周边巷道出现较多岩石破裂事件。岩石破裂微震事件开始在如图2-36所示的区域一和区域三聚集，现场勘测发现区域一开始出现明显的破坏现象。至6月19日，在大爆破和出矿二次爆破等生产活动的扰动下，47采场及周边巷道岩石破裂微震事件聚集现象更为明显，出现了如图2-37所示的4个岩石破裂事件聚集区，现场勘测区域一、区域二和区域三围岩破坏明显（区域四所在采场内无法勘测）。

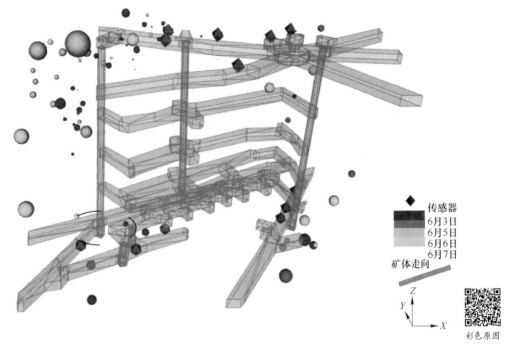

图 2-35 大爆破前 5 天微震事件空间分布

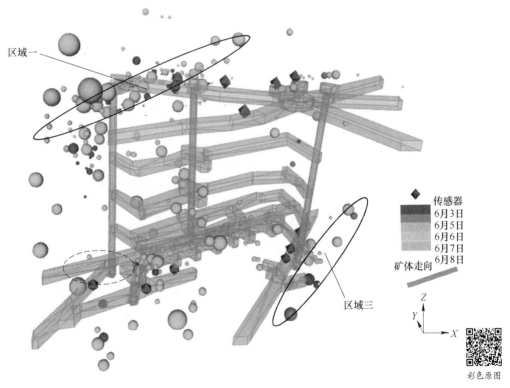

图 2-36 大爆破当日微震事件空间分布

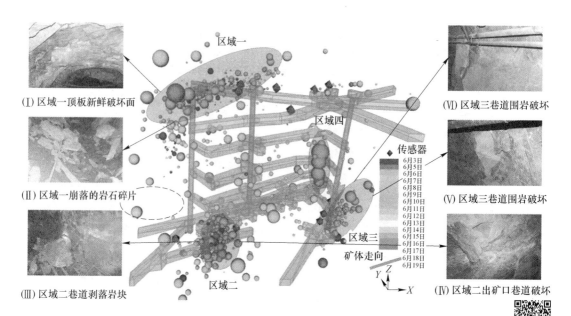

图 2-37　大爆破后至 6 月 19 日微震事件空间分布及围岩破坏

彩色原图

综上，大爆破后岩体破裂微震活动活跃的地方，现场都发生不同程度的破坏，微震监测结果与现场实际破坏具有较好的一致性，微震监测对现场生产及安全防护具有较好的指导作用。

———— 本 章 小 结 ————

本章介绍了微震监测技术的基本原理、微震监测系统组成、微震信号分析方法及其工程应用，主要内容如下：

（1）微震监测技术作为一种空间三维监测方法，能够实时在线监测岩体微震信息，揭示岩体内部微破裂萌生、发育、扩展直至宏观变形破坏的过程。微震监测技术主要应用在隧道工程、矿山工程、油气田、干热岩、水电站洞室及其他地下工程中。

（2）微震监测系统主要包括传感器、监测基站、监测中心、监控与数据分析中心；微震监测通信方式有电缆通信、光纤通信和无线通信三种。传感器和微震监测系统的选择要综合考虑监测的目的、监测范围和岩体的岩性等因素。

（3）微震信号分析方法常用的主要包括微震信号识别及滤波、微震信号初至拾取、微震源定位、微震辐射能量计算及微震震源机制分析等方法。通过这些方法，可以快速获取微震源位置、地震矩、微震辐射能、微震体变势、能量指数、视应力、视体积、地震震级等参数，反映监测区内岩体破裂的特征及规律，为岩体工程灾害监测、预警及防护提供支撑。

习题与思考题

1. 简述微震监测技术的原理。

2. 简述 P 波和 S 波的传播特性。

3. 简述视应力、微震辐射能、微震体变势和累计事件数的含义。

4. 微震监测系统的组成有哪些？

5. 简述传感器优化布置的原理？

6. 传感器安装的方式有哪些？

7. 简述微震监测通信方式及其适用工况。

8. 简述短时傅里叶变换的原理。

9. 微震信号主要有哪些？简述其特点。

10. 简述 STA/LTA 算法的原理。

11. 简述 Geiger 算法的原理。

12. 在某铁矿中进行爆破测试，爆破点的空间位置为（2028.46，8574.56，−198），单位为 m。该区域的平均波速为 5200m/s，爆破点触发传感器坐标及到时如表 2-7 所示，请基于编程软件采用 Geiger 算法来计算该爆破点的定位误差。

表 2-7 传感器坐标及到时

传感器编号	坐标/m			到时/s
	x	y	z	
101	1775.20	8690.28	−230.48	6.75161
102	1818.63	8743.12	−227.06	6.75311
103	1912.76	8750.27	−244.76	6.74286
104	1892.18	8699.04	−230.23	6.73611
105	1956.15	8646.69	−235.43	6.72136
106	1965.26	8737.80	−218.34	6.73161
107	2075.01	8675.53	−229.89	6.71936
108	2020.12	8567.80	−221.69	6.70336
109	2057.23	8526.09	−231.02	6.71086
110	2138.42	8693.26	−230.23	6.72886

参 考 文 献

[1] 戴峰，李彪. 大型地下洞室开挖微震监测与围岩稳定性评价 [M]. 北京：科学出版社，1999.

[2] 冯夏庭，陈炳瑞，张传庆，等. 岩爆孕育过程的机制、预警与动态调控 [M]. 北京：科学出版社，2013.

[3] 刘建坡，李元辉，赵兴东，等. 微震技术在深部矿山地压监测中的应用 [J]. 金属矿山，2008，（5）：125-128.

[4] 柳云龙，田有，冯晅，等. 微震技术与应用研究综述 [J]. 地球物理学进展，2013，28（4）：1801-1808.

[5] 刘超. 含瓦斯煤岩破裂过程微震监测与分析 [M]. 徐州：中国矿业大学出版社，2017.

[6] 徐奴文，周钟. 水电工程岩质边坡微震监测与稳定性评价-以锦屏一级水电站左岸边坡为例 [M]. 北京：科学出版社，2017.

[7] 巩思园，窦林名，曹安业，等. 煤矿微震监测台网优化布设研究 [J]. 地球物理学报，2010，53（2）：457-465.

[8] 窦林名，何学秋. 冲击地压防治理论与技术 [M]. 徐州：中国矿业大学出版社，2001.

［9］ 齐庆新，窦林名. 冲击地压理论与技术［M］. 徐州：中国矿业大学出版社，2008.

［10］ Kijko A. An algorithm for the optimum distribution of a regional seismie network［J］. Pure and Applied Geophysies，1977，115（4）：1011–1021.

［11］ Kijko A，Sciocatti M. Optimal spatial distribution of seismie stations in mines［J］. International Journal of Rock Mechanics and Mining Sciences，1995，32（6）：607–619.

［12］ 唐礼忠，潘长良，杨承祥，等. 冬瓜山铜矿微震监测系统及其应用研究［J］. 金属矿山，2006（10）：41–44/86.

［13］ 唐礼忠，杨承祥，潘长良. 大规模深井开采微震监测系统站网布置优化［J］. 岩石力学与工程学报，2006，25（10）：2036–2042.

［14］ 巩思园，窦林名，马小平，等. 提高煤矿微震定位精度的台网优化布置算法［J］. 岩石力学与工程学报，2012，31（1）：8–17.

［15］ 马天辉，唐春安，蔡明. 岩爆分析、监测与控制［M］. 大连：大连理工大学出版社，2014.

［16］ 张伯虎，刘建军. 页岩水力裂缝扩展与为针尖释放机制［M］. 北京：科学出版社，2020.

［17］ Mendecki A J. Seismic Monitoring in Mines［M］. London：Chapman and Hall Press，1969.

［18］ 常亚琼，徐晓萌，赵文文，等. 基于 Chan 与 Geiger 混合算法的声发射源定位方法［J］. 声学技术，2020，39（5）：632–637.

［19］ 牟磊育，赵仲和，张伟，等. 用 INGLADA 与 GEIGER 方法实现近震精定位［J］. 中国地震，2006（3）：294–302.

［20］ 陈炳瑞，冯夏庭，李庶林，等. 基于粒子群算法的岩体微震源分层定位方法［J］. 岩石力学与工程学报，2009，28（4）：740–749.

［21］ 明华军. 基于微震信息的深埋隧洞岩爆孕育机制研究［D］. 北京：中国科学院大学，2012.

3 声波检测技术

本章提要

通过阅读本章，可以了解掌握如下内容：

(1) 声波检测技术的发展；

(2) 声波传播特征与岩体物理力学性质的关系；

(3) 声波检测系统的组成；

(4) 声波检测系统的基本原理与方法。

3.1 声波检测技术概述

3.1.1 声波检测技术简介

声波检测技术指的是检测声学中用于固体物质的声学检测。由于介质的物理力学性质不同，声波在介质中的传播速度等传播特性也不相同。岩体声波检测技术以人工方式向岩体介质发射声波，并检测和分析声波在介质中的传播特性，以此作为分析或测定岩体物理和力学特性的依据。岩体声波检测利用的声波频率可以从次声到超声，从应用声学看，它属于检测声学范畴，从工程地质勘探看，它是小型轻便的地球物理勘探方法。

在工程地质勘探中，主要采用频率在 10Hz~20kHz 的地震波，而频率 20~200kHz 的声波（及以上的超声波）也逐渐得到应用。

3.1.2 声波检测技术发展历史

1959 年，瑞士应用声波检测技术对岩体工程中岩壁破碎带进行研究。随后，岩体声波检测技术在国内外得到了广泛的研究和应用[1]。1995 年，Sayers 等将声波检测技术应用到岩体损伤发展研究中[2]，此后声波检测技术在微裂纹的张开与发展、岩体开挖扰动区监测、岩石物理力学性质的测定等方面得到了大量应用，并在微裂纹与声波传播速度的关系、岩体纵波波速与岩石力学性质的关系等方面进行了理论研究[3,4]。20 世纪 70 年代开始，我国开始声波检测技术研究，并将声波检测技术应用于隧道、地下洞室以及大坝坝基岩体的检测、分析评价与研究，例如，20 世纪 70 年代，中铁西南科学研究院开展了岩体声波检测技术应用的专题研究；20 世纪 90 年代，采用声波检测技术对三峡工程开挖扰动区的范围与岩体力学性状[5]、三峡工程临时船闸间开挖爆破振动控制及爆破开挖方案的优化等方面进行了研究[6]；采用纵波速度变化对锦屏二级辅助洞开挖爆破损伤范围进行了分析，采用线性、二次、指数拟合等方法研究了波速-弹性模量的关系，并建立了开挖扰动区围岩深度与弹性模量的关系[7]。

3.2　岩体特性与声波的传播

岩体是经历了漫长的地质构造运动而形成的具有特有结构的天然介质材料，工程岩体是由岩石结构体和结构面（各种不连续面）所组成的非理想弹性体，是具有各向异性、非均匀、非连续性的介质，其声波特性与均匀且各向同性的理想介质上所测得的特征值不同，比均匀、完整的理想弹性介质要复杂。为获取岩体中声波传播特征与岩体物理力学特性之间的关系，用统计特性来研究它们的变化规律和传播特性是一种可行的方法。此外，岩体在各种地质物理因素和外界环境因素作用下，岩体物理性质、力学参数的变化对声波传播的速度、振幅等都将产生一系列的重要影响。

3.2.1　岩体物理力学性质与弹性波速度的关系

弹性波在介质中的传播速度是传播介质的密度、空隙率、含水量和弹性模量等的函数。对岩体介质而言，岩体的孔隙、含水量、压力和温度等状态直接影响岩体介质的物理特性。岩体物理和力学特性与弹性波速的关系对分析和了解岩体物理力学性质是至关重要的。

（1）弹性波速与密度的关系。在弹性波速与密度关系考察的基础上，认为弹性波速与密度具有一定的关系。整体来看，波速随着密度的增加而增加，当密度 $\rho \geqslant 2.5\text{t/m}^3$ 时，按对数函数增加；当 $\rho \leqslant 2.5\text{t/m}^3$ 时，则按指数函数增加。坚硬岩石的波速分布较集中，软弱岩石的波速分布比较分散。一般来说，波速越大，岩石就越致密。

（2）弹性波速与空隙率的关系。岩石的空隙率对波速大小影响较大，对沉积岩更加明显。一般来说，随着空隙率增加，波速急剧地下降。威利（Wyllie）等的研究表明，弹性波在岩石介质中的传播速度（v）与岩石空隙存在如下关系：

$$\frac{1}{v} = \frac{\eta}{v_\text{f}} + \frac{1-\eta}{v_\text{r}} \tag{3-1}$$

式中，v_f 为饱和岩体的波速；v_r 为岩石骨架的波速；η 为岩石空隙率。

（3）弹性波速与含水量的关系。含水量与波速关系的总趋势是，当岩石的强制干燥状态波速 $v \geqslant 3.0\text{km/s}$ 时，在空隙为充满水状态下，岩体的体积模量有所增加，波速随含水量而增加；$v < 3.0\text{km/s}$ 时，岩石在湿润状态下引起杂矿物及黏土矿物的化学变化或体积变化，波速随含水量减小而减小。

（4）波速与弹性模量的关系。弹性波速度与岩体弹性模量存在如下关系：

$$E = av_\text{p} \tag{3-2}$$

式中，E 为岩石弹性模量；a 为常数，一般取值为 0.4~0.5。火成岩、古生代与中生代的沉积岩及变质岩的弹性模量为 $1.0\times10^4 \sim 1.5\times10^4\text{MPa}$，第三纪岩石的弹性模量为 $0.4\times10^3 \sim 2.5\times10^3\text{MPa}$，砂岩弹性模量为 $2.0\times10^3 \sim 1.0\times10^4\text{MPa}$，$v_\text{p}$ 为波速。

（5）弹性波速与单轴抗压强度的关系。通常，岩质越好，波速越高，其抗压强度也越高，反之则低。因而，波速与单轴抗压强度之间的关系，具有同样的性质。岩石单轴抗压强度（R_C）与波速（v_p）的关系如下：

$$R_\text{C} = Av_\text{p}^n \tag{3-3}$$

式中，A、n 均为常数，n 一般为 3，A 为 2~50，一般 A 取值为 10。即 $R_C = 10 v_p^3$，也就是岩石的单轴抗压强度与岩石纵波速度的立方成正比。

（6）岩体破坏全过程声波响应特征。工程岩体开发过程中，围岩应力的变化将导致岩体内部产生新的裂隙，而构造应力和施工应力的产生及变化是引起岩体破坏的直接原因，从而改变围岩的声学特征。李江华等采用岩石受载破坏全过程波速变化测试系统对受载岩体的声波波速变化规律和声学相应特征进行了研究[8]。岩体波速测试系统如图 3-1 所示。

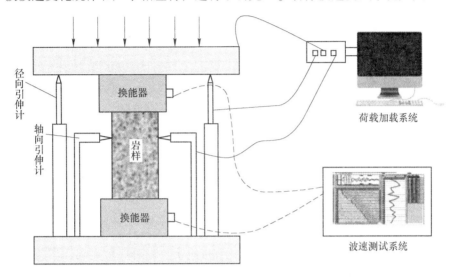

图 3-1　岩体波速测试系统

采用岩石力学加载系统和声波测试系统对晋城矿区不同区域的岩石（粗砂岩、中砂岩、泥岩及奥灰岩）单轴加载全过程声波信息进行实时采集，并分析了岩石力学特征和波速变化特征的关系（图 3-2）。岩石加载过程中，波速变化特征与应力-应变全过程曲线的变化趋势基本相同，与岩石加载破坏过程中的阶段划分一致，各阶段均有明显的拐点。波速变化规律整体趋势为先增大后减小，岩石完全失去承载能力后，波速大幅度降低。其将具有完整应力-应变曲线的岩石波速变化规律划分为"上凹—线性增大—突降上升—台阶波动—台阶突降" 5 个不同的阶段。泥岩承载应力为 $73.14\% \sigma_{\max}$ 时，波速发生突降，之后逐渐上升；单轴加载全过程泥岩石的波速变化范围为 4.67~10.04km/s，波速较初始值增大 114.99%。岩石完全失去承载能力后，波速大幅度降低[8]。岩石破裂后，波速发生台阶式变化，残余变形大幅度突变前，砂类岩波速仍呈增大的趋势，且大于初始波速。研究认为岩石受载全应力-应变过程波速响应机制各阶段的波速变化特征明显，对岩体的波速变化进行实时检测，掌握波速变化规律，获取岩石破坏前兆信息，对岩体工程安全施工、灾害防治与预测具有重要的工程价值。

3.2.2　岩体结构面与波速变化的关系

岩体中存在各式各样大小不等的、力学强度相对较低的不连续地质界面，称为结构面，如层面、节理、裂隙、片理、断裂等。弹性波传播过程中，遇到结构面，将发生波的反射、折射或绕射现象，这对波的传播速度和振幅强度都有影响。岩体因成岩条件、结构

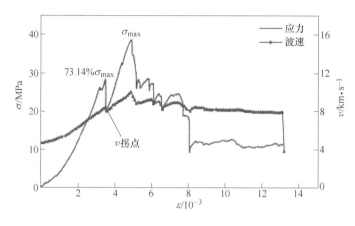

彩色原图

图 3-2　岩样全应力应变过程波速变化曲线

面和地应力等因素而具有各向异性，因而弹性波在岩体中传播，也具有各向异性。以结构面中的层理为例，垂直于层理方向的波速低，平行于层理方向的波速高，两者的比值因岩性和层理结合程度而异。

3.2.3　岩体风化程度与弹性波传播的关系

岩体中弹性波的传播速度还与岩体的风化程度有关，新鲜完整的岩体波速较高，风化岩体波速较低，风化越严重，波速就越低。由于风化作用使岩体中的结构面增加，且原有的矿物分解成各种次生的亲水矿物，矿物或岩屑颗粒之间的联结状态，也由原来的结晶联结或胶结联结转化为水胶联结或松散状态，使波的传播时间增长，波速降低，而吸收衰减增大，波幅大大缩小，波在风化介质中的穿透能力也大为减弱。

3.2.4　围岩压力对弹性波传播的影响

岩石在压力作用下，随着荷载的增加，波速增加，波幅衰减减少；而在拉伸作用下，波速降低，衰减增大。岩石在单轴压缩下，平行加载方向的波速变化，可归纳为两种情况：一是随压力增加，波速明显增加，即波速急变段，一般表现在试验开始不久的低压力阶段；二是随压力的增加，波速增加并不明显，即波速缓变段，一般表现在较高压力阶段，不同岩石的表现不尽相同。垂直加载方向检测，一般是随着荷载增加，波速逐渐降低。在低压力阶段，有时也出现波速先增加，然后持续不断下降，这些现象都反映了空隙、裂隙的闭合或张开的过程。在加压作用下发生的空隙和裂隙的闭合，弹性介质和内部物体接触作用大小的增加，以及存在于空隙中的液体和气体的体积弹性的增加，都导致介质弹性效应增加。当压力（或受拉伸）超过某种限度时，固体质点的分离、空隙之间界限的破坏、新裂隙的出现，将引起有限弹性的减少。

现场岩体用千斤顶加载，岩体受压，产生裂隙闭合和充填物的压缩，波速相应增大，其增大率取决于岩体初始裂隙体积和侧压力；对现场工程岩体用刻槽法进行应力解除时，量测解除前后波速变化，发现应力解除后，波速减小，垂直于解除槽方向比平行于解除槽方向的波速减少更多，解除前的岩体波速越小，减少越多。

3.2.5 温度与弹性波传播的关系

岩石声学性质的变化反映了深埋的地下工程的温度变化。不同岩石随温度的上升，波速都有不同程度的降低，温度在150~200℃及更高时，波速下降尤为明显。当温度由正向负通过零点降低时，速度发生跃变。在特别潮湿的岩石中，当温度从0℃变到-5~-8℃时，波速增加特别明显，因为充填于空洞中水的波速从1450m/s增加到3600~4300m/s（冰）。冻结后当温度进一步降低时，弹性波速度变化不大，波速随温度降低的变化取决于冻结温度、岩石的温度（含冰率）、空隙率和颗粒成分，冰的含量增加引起冻结岩石的弹性波速增加。

3.3 声波检测系统

以弹性波在固体介质中的传播理论为基础，并结合声波信息与岩体物理力学性质之间的关系，声波检测系统实现了岩体声波的检测分析。该系统通常由声波发射系统、声波接收系统及数据处理系统组成。声波发射系统将电信号转换成声波信号；声波信号在被检测的岩体介质中传播，从而携带了丰富的岩体特性的信息；声波接收系统再将携带岩体信息的声波信号还原成电信号；数据处理系统再将还原得到的电信号进行存储和显示，就得到了可用的声波参数数据与信息，声波检测系统示意图见图3-3。

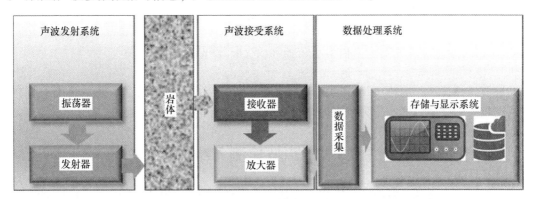

图3-3 声波检测系统组成

在声波检测系统中，人工激发声波的方法主要有电火花、超磁致伸缩、机械冲击、人工爆炸及压电陶瓷等。电火花声波利用电容器充电后经电极在水中瞬间导通，电流的突然放电来激发声脉冲，充电高压电容器对水中电极间隙脉冲放电有电弧和电晕两种放电形式。磁致伸缩效应是指某些物体在磁场中磁化时，在磁化方向会发生伸长或缩短的现象，利用磁致伸缩材料制作的声波换能器可激发声波。压电陶瓷是一种能够将机械能和电能进行互相转换的功能陶瓷材料，当压电陶瓷受到机械压力时，包括声波振动等微小的机械振动产生的压力，都会使材料产生压缩或伸长的形状变化，引起材料表面带电，这种现象被称为正压电效应；反之对材料施加激励电场，材料将会产生机械变形，称为逆压电效应。压电陶瓷操作简便、信号输出稳定而使用更为广泛，但是压电陶瓷产生的声波信号振幅相对较小，易受到外界噪声干扰。

声波检测仪是利用不同介质中声波速度的不同来分析和判断周围介质物理力学性质，并对其工程性状和破坏情况进行预测分析的仪器。测试对象是基于弹性体来进行的，声波是声波振荡器产生的高压电脉冲信号施加到传输换能器，从而传输换能器被激发产生瞬态振动信号，该振动信号被传输换能器和介质组合；介质的内部信息被发送到接收换能器，并且将其接收到的振动信号转换成电信号并将其发送到声波仪；经声波计放大后，通过介质的声波体现出相关的参数，比如声波时间和波速等。图3-4为武汉中岩科技股份有限公司生产的 RSM-RCT（B）声波仪。

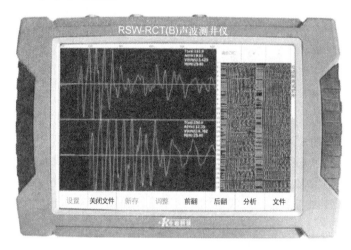

图3-4　RSM-RCT（B）声波仪

声波检测仪器一般特点是：精度高，测量简单迅速，有利于显示和测量结果的解释，能够在较大的介质温度和压力范围内测量一个很宽范围的声波和幅度的吸收衰减。

3.4　声波检测方法

以弹性波在岩石介质中的传播理论为基础，通过获取并分析人工激发弹性波在岩体介质中的传播特性（波速、振幅、频率等）来研究工程岩体特性。科学的声波检测方法是保证真实、可靠和准确获取声波信息，科学和合理地解释有关数据，并描述岩体特性和解决岩石工程问题的基础。

3.4.1　声波检测方式

依据声波检测不同的分类标准，声波检测可分为不同的检测方式，按照检测环境不同可分为野外声波检测和室内声波检测；按声波检测仪器与岩体的接触关系可分为布置在岩体表面的表面声波检测和钻孔内的内部声波检测；按照发射和接收换能器的配置数量，可分为一发一收、一发多收和多发多收等；按照声波的传播方式可分为直透法与平透法。

3.4.1.1　直透法

直透法就是发射换能器和接收换能器布置在不同的平面，通过获取发射换能器发射并通过岩石介质传来的直达波或绕射波，来研究岩体特性的声波检测方法（图3-5）。

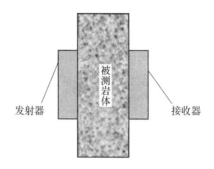

图3-5　声波检测直透法

3.4.1.2　平透法

平透法就是发射换能器与接收换能器设置在同一岩面的测试方法，通过获取折射波或反射波来研究岩体特性的声波检测方法，按照声波的传播方式可分为折射波法与反射波法。

A　折射波法

两换能器设置在同一岩面上或同一测井（孔）中，并保持适当距离，通过获取被测岩体表面传来的折射波，来研究岩体表面及表面在纵剖面有限深度特性的检测方法（图3-6）。

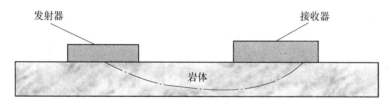

图3-6　岩面平透折射波法

B　反射波法

将发射换能器与接收换能器置于同一岩面，并且两换能器之间的距离短且处于折射波的盲区之内，通过获取与观测表面几乎平行的界面的反射波来研究岩体的工程特性的声波检测方法（图3-7）。

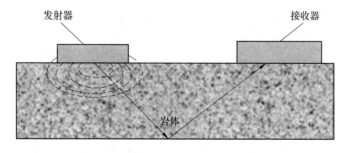

图3-7　反射波法示意图

3.4.2　检测区域的选择

在工程地质勘测的基础上，科学、合理地确定检测区域，并结合工程实际有效地布置检测线和检测点，是充分发挥声波检测优势的基础。首先，针对工程特点选择代表性区域，力求以最少的检测点，获取较多的声波信息和岩体数据，通常选择地质条件比较相似的区域（岩性、裂隙发育程度、风化程度、地下水赋存等相似）；然后，在检测区域内，结合岩体介质中的声波传播特性和边界条件布置测线；最后，在岩性均匀，表面光洁、无局部节理裂隙处等布置较均一的测点进行声波检测；同时，按照岩石室内试验要求，在检测区域选择岩石样本并制作试件。

3.4.3　换能器与被测岩面的耦合

声耦合就是为了能将声波尽量辐射到被测岩体中，要求换能器与岩体之间的声阻抗相匹配，以便接收换能器能获得较好的声波信息。耦合剂是填充在换能器和岩面之间未紧密接触的空间，来实现声耦合并能提高检测效果和减少声能损失的介质。常用的耦合剂有测井（孔）中所用井液，岩石（体）表面上所用的耦合剂有黄油、凡士林、真空脂、纯净机油、蜡、流体石膏、水杨酸苯脂等。若岩体表面非常平整光滑，可利用机械方式，把换能器直接压紧在岩面上，不用耦合剂；另外，干孔耦合是把换能器置于透声橡胶囊中，然后充水加压，使其与岩面密贴从而实现声耦合。

为了确保声波检测数据的准确，尽量保证各次检测的耦合条件一致。在岩面上观测时，要求有同等的耦合力和均匀、等厚的耦合材料层；在岩石试件测试时，在换能器与试件耦合时可用夹具，保证同等的耦合力。为保证耦合剂的均匀等厚的措施，可采用厚度控制环，环的周边设有若干缺口，以排泄多余的耦合剂，环必须具有一定的强度，以免加压受力时变形，造成厚度变化。

3.4.4　单孔声波测试法的原理

单孔声波测试法是确定地下岩石工程围岩松动圈的常用地球物理检测方法。单孔声波测试法操作步骤较为简单易行，可以简单确定是否为松动圈，同时可以很容易知道重要位置处的松弛状态。

单孔声波检测方法通常使用一发双收探头（见图 3-8），将测试探头放置在测试孔的中心，并且当接收传感器穿过孔壁时，由发射换能器激发的声波会发生折射，在此始终存在符合 Snell 定律（由荷兰物理学家 W. Snell 于 1621 年从实验观察中首次发现的关于折射光线方向的定律）的声波入射角。第一临界角是沿测试孔壁滑动的 90° 折射角。基于 Huygens-Fresnel 理论（是研究波传播问题的一种分析方法），通过孔壁的滑行波被折射到由接收换能器 1 和 2 接收到的测试孔中，并且接收到的波形数据将存储在声波测试仪中。在测试过程中，使测量点之间的间隙等于 1 和 2 之间的间隔，然后将设备顺序移至另一个测量点以实现全孔岩石的声学测试。

数据处理时，对某个测点的两道声波波形进行纵波初至拾取，得到纵波初至时间 t_{p1} 与 t_{p2}，并且获得两个接收换能器的间距 L，从而能够获得岩体的纵波速度 v_p。

$$v_{\mathrm{p}} = \frac{L}{t_{\mathrm{p2}} - t_{\mathrm{p1}}} \tag{3-4}$$

对每个测点的波形数据重复上述操作，便可得到随孔深变化的全孔声波速度曲线。

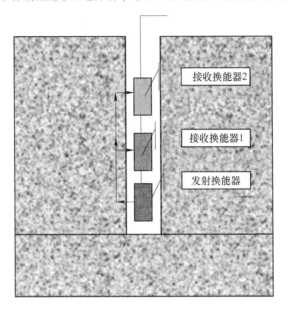

图 3-8　一发双收装置示意图

在单孔声波检测方法中，通常用声波速度对松动圈的范围进行判定，声波速度的确定与纵波的初始到达时间有关；然而在声波测试期间，往往会受到各种噪声的影响，从而导致选择第一个到达点变得困难，在声速的确定过程中产生误差，对松动圈的确定十分不利。此外，在依据声波换能器的单孔声波测试方法中，考虑到声波频率相对较高，一般不低于 1kHz，有的甚至可超过 1MHz，频率越高分辨率越高，也导致检测范围不足。为克服上述问题，首先，对噪声波信号进行降噪，以改善对纵波第一到达点的识别；最后在分析松动圈时，不仅以某个测试孔的检测结果为对象，而是采取多个测试孔为对象的分析方法，从而压制其不利影响。

3.4.5　纵横波的识别

纵横波的科学、准确的识别对声波检测至关重要。通常，弹性区域中声波传播的典型波形特征为：最先到达的初至波是频率较高、振幅不大、迅速衰减的压缩波（P 波），随之而来的是频率较低、振幅不断扩大的剪切波（S 波），之后才是其他类型的续至波。实际工作中，由于各种各样的原因，所得的波形常常远比典型的波形要复杂得多。一般来说，初至 P 波是最先到达的，其识别比较容易；而 S 波是后来才到达，常受其他波的干扰较难识别。纵横波的识别问题，主要是如何识别横波的问题。

3.4.5.1　室内岩石试件的横波检测

室内岩石试件的横波检测方法为：用激发横向振动的 PZT 型压电晶片作横波换能器，利用固体与固体的自由表面产生反射横波，以及用水浸法量测试件的横波。利用晶片厚度振动与径向振动共振频率不同，分别用相应的频率激发晶片纵向振动及径向振动，分别测定纵横波。

3.4.5.2　现场岩体的纵横波分辨

在检测中，由于接收到的波形包括 P、S 等一系列波形的频谱叠加，加上仪器可能产生的噪声、换能器阻抗特性、尤其是岩体介质结构的复杂性，以致所得波形远较典型的波形复杂。在这种情况下要分辨出横波的初至，有赖于采取适当的方法和经验的判断。当 P、S 波虽存在干涉现象，但总的波形仍与典型波形相近似时，观测者仍可从"干涉点"细心地分辨出 S 波的初至点（图 3-9）。

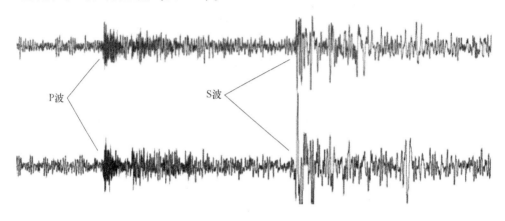

图 3-9　实测 P、S 波图形

以"干涉点"判读时，还可借助于纵横波波速比值（v_P/v_S）来帮助判读。岩体纵横波波速比值一般在 $\sqrt{2} \sim 3$ 范围内，如果测的 v_P 与 v_S 的比值小于 $\sqrt{2}$ 或大于 3 时，则极可能是误判。在纵波没有受到充分压抑，横波能量没有充分得到增强的情况下，只利用单道波形中的"干涉点"不易判断横波。目前解决纵横波分辨的方法，一是抑制纵波延续时间，减少发射脉宽和适当加大测试距离，使接收波形的余振短，纵横波能清晰地分辨；二是使用多道接收的声波仪，采用同相轴相位追踪的办法，可以较清楚地辨认横波；三是利用换能器的方向性和纵横波的声主瓣方向相差 35°~55°，在横波能量较强的方向上接收，以获得较强的横波；四是采用"可变角纵横波换能器"。

3.4.6　波速测量

岩体中声波传播速度是岩体声波检测中最基本和最重要的参数，速度的确定依赖于声波传播时间和距离的准确测定，而声波传播的时间和距离是确定声波传播速度的重要依据。

3.4.6.1　时间测量

各种声波检测仪器的读数准确程度可达 $0.1\mu_s$，甚至达到 $0.01\mu_s$，完全满足岩体声波检测的要求，但是，由仪器读出的走时读数，还不能直接用于波速计算，必须做相应的校正。

（1）滞后延时（t_0）及其校正方法。由于仪器线路、换能器外壳厚度以及耦合剂厚度等影响，造成滞后延时，或称零延时（t_0），在进行波速计算时应事先扣除。

（2）波速计算。在波速计算中扣除零延时 t_0，实测得到纵、横波的初至时间 t_P 和 t_S 后，波速可按下式计算。

$$v_P = L/(t_P - t_0) \tag{3-5}$$

$$v_S = L/(t_S - t_0) \tag{3-6}$$

式中，v_P 和 v_S 分别为纵、横波传播速度；t_P 和 t_S 分别为纵、横波初至时间；L 为声波传播距离；t_0 为零延时。

3.4.6.2 距离测量

传播距离测定的精确性则主要取决于人为丈量的因素。对岩面上的测距，一般说是比较容易测准的；而对于孔间的测距，要求各测孔（井）绝对平行很难办到。随着测孔偏斜，不同深度的测距要产生变化，于是就要根据其方位、倾角的偏差，进行测距的校正。

科学测量声波传播距离取决于发射换能器的功率和频率，以及在此条件下介质吸收性质，达到能够顺利地记录声波参数。对岩石试件发射工作频率为 50kHz～1MHz，试件尺寸原则上与岩石力学静力试验相适应，每组试件不少于 3 块；对现场岩体发射的工作频率为 500Hz～50kHz。对于电火花振源，井间测距不小于 15m；对于锤击振源，测距不小于 3m；对于压电发射换能器振源，测孔（$\varphi = 42mm$）孔间测距为 1.5m；单孔测井（$\varphi > 42mm$ 的勘探钻井），换能器间距：最小源距（发、收之间）0.5m，间距（一发二收，收 1～收 2 之间）0.2～0.3m。

3.4.7 振幅衰减

声波在岩体中的传播特征不仅反映了波速随岩体的不同性质而变化，而且声波的振幅也发生变化。引起振幅变化的主要原因是岩体对声波能量的吸收，吸收量与岩体特性有关，与波形、频率等因素也有关。实践证明，声波振幅衰减对介质不连续面的反映较灵敏，甚至比波速更能反映岩体的破碎程度和节理发育程度。因此，研究声波的振幅特性与岩体特性之间的关系，是声波检测技术的一个重要方面。只是由于其影响因素比较复杂，目前尚难求得确切标志某种岩体特性的吸收衰减系数。不过，在满足一定前提条件时，对不受续至波干扰的声波，仍可做些研究和量测，所得的衰减系数只具有小范围的相对性。

3.4.7.1 吸收衰减系数的测量方法

根据声波在固体介质中的吸收衰减规律，通常按下面的指数规律表达：

$$A = A_0 e^{-\alpha R} \tag{3-7}$$

式中，A_0 为震源初始幅度；R 为传播距离；α 为吸收系数；A 为测点的振幅。在对现场岩体进行该项测量时，一般要布置三个以上的测孔。

3.4.7.2 振幅的量测

在纵横波识别的基础上进行振幅的量测，由于横波振幅常常受到其他波的干扰影响难以识别，纵波振幅是主要量测参数。振幅的量测方法一是固定仪器的增益，从示波器上直接读取指定某一相位幅度的毫米（mm）数；二是在声波仪与接收换能器之间串接可变衰减器来工作。以声波仪的定长振幅做标准（一般为 1cm），调节衰减器控制振幅，即可读出该测段的衰减量的奈培值 N，N 为各测段实际振幅值与定长标准振幅之比的对数值。$A_{实}/A_{定}$ 为振幅衰减比，它直接反映测段之间振幅大小。

3.5　声波检测在岩体工程中的应用

3.5.1　声波岩石分级

工程岩体分级对岩石工程设计、岩体参数确定、施工方法和工艺的合理选择具有重要指导意义。为此，国内外学者对岩体工程分级进行了广泛研究，并提出了各种工程岩体分级方法。20世纪50年代，日本学者将弹性波的传播理论应用到岩体工程性质研究中，提出了著名的龟裂系数，并为工程界广泛应用，我国于20世纪70年代以后，也将声波参数应用到工程岩体分级中。

3.5.1.1　岩体分级因素与声波参数的关系

岩体的结构状态及基本物理力学特性是影响岩体工程稳定的重要因素，直接影响工程岩体分级，这些因素包括岩石（体）的结构特性、岩体的完整性、风化程度、岩体强度、变形性质和地下水状态等；另外，岩体中地应力的大小和方向，以及工程规模和施工方法等也有一定影响。

A　岩体的完整性

岩体中的各种不连续面是影响岩体工程质量的重要因素，波速比可以反映岩体完整性，完整性系数 K_v 是完整岩石试件所得的波速与现场测定岩体波速的比值，它反映岩石的完整性程度，是岩体分级的一个重要参数。裂隙系数 K_J 是反映岩石完整性的另一重要指标（表3-1），计算公式如下：

$$K_v = (v_{Pm}/v_{Pr})^2 \tag{3-8}$$

$$K_J = (v_{Pr}^2/v_{Pm}^2)/v_{Pr}^2 \tag{3-9}$$

式中，v_{Pr} 为岩体试件纵波速度；v_{Pm} 为岩体纵波速度。

表3-1　岩体完整程度的分级

岩体完整性的描述	完整性系数	裂隙系数
极 完 整	>0.9	<0.1
完 整	0.75~0.9	0.1~0.25
中等完整	0.5~0.7	0.25~0.5
完整性差	0.2~0.5	0.5~0.8
破 碎	<0.2	>0.8

B　岩体风化

风化使岩石原有的结构遭受破坏和削弱，从而引起整个岩体的破坏与削弱。通常采用风化岩石与新鲜岩石抗压强度之比来定量评价风化程度（式（3-10））。

$$K_v = R_{aD}/R_{fD} \tag{3-10}$$

式中，R_{aD} 为风化岩石单轴干抗压强度；R_{fD} 为新鲜岩石单轴干抗压强度；K_v 为岩石的风化程度系数。声波法研究岩体的完整性系数时，现场岩体的波速测定包含了岩体的裂隙发育情况以及岩石风化程度。风化系数是利用波速评价岩石的风化程度。

$$K_w = (v_0 - v_w)/v_0 \qquad (3-11)$$

C 岩体的质量

岩体的强度和变形是衡量岩体工程属性和质量的重要指标，岩体的变形特性和变形量的大小，主要取决于岩体的完整程度、组成岩体的岩块之间的联结情况、充填物性质和数量、缝隙的闭合程度等。波速可以用来衡量岩石质量分级，基于岩石的单轴抗压强度和岩石弹性模量与波速的关系，采用声波参数反映岩石的强度和变形特性（表3-2）。

表 3-2 岩石质量分级

岩石质量分级	岩石质量描述	单轴抗压强度（干）R_d/MPa	岩石工程质量指标 $S_f = [(E_{fD}R_{fD})/(E_S R_S)]^{1/2}$	岩石纵波速度 $v_P/m \cdot s^{-1}$
A	优（极坚硬）	>100	>4	>5000
B	良（坚硬）	60~100	2~4	3800~5000
C	中（半坚硬）	30~60	1~2	3200~3800
D	差（软弱）	10~30	0.5~1	2000~3200
E	劣（极软弱）	<10	<0.5	<2000

注：E_{fD}—新鲜岩石室内弹性模量；R_{fD}—新鲜岩石干抗压强度；E_S—标准软岩的弹性模量；R_S—标准软岩的抗压强度。

用声波法确定现场岩体的变形特性，简便、快速、经济，可大量进行，且能反映较大范围的岩体特性。

3.5.1.2 声波参数在工程岩体分级的应用

弹性波在岩体中传播的声波参数可以反映工程岩体的性能和质量，其中纵波速度（v_{Pm}）可以用来进行工程岩体分级；另外，岩体的纵横波速比（v_{Pm}/v_{Sm}）或动泊松比、风化系数、准岩体强度、吸收衰减系数或声波可接收的距离以及频谱特性等也可为工程岩体分级提供重要参考。《铁路隧道设计规范》（TB 10003—2016）基于声波参数对铁路隧道进行了围岩分级（表3-3和表3-4）。

表 3-3 基于声波波速的铁路隧道围岩分类

级别	岩体特征	围岩弹性纵波速度 $v_P/km \cdot s^{-1}$
I	极硬岩，岩体完整	A：>5.3
II	极硬岩，岩体较完整 硬岩，岩体完整	A：4.5~5.3 B：>5.3 C：>5.0
III	极硬岩，岩体较破碎 硬岩或软硬岩互层，岩体较完整 较软岩，岩体完整	A：4.0~4.5 B：>4.3~5.3 C：>3.5~5.0 D：>4.0

级别	岩 体 特 征	围岩弹性纵波速度 $v_p/km \cdot s^{-1}$
IV	极硬岩，岩体破碎 硬岩，岩体较破碎或破碎 较软岩或软硬岩互层，且以软岩为主，岩体较完整或较破碎 软岩，岩体完整或较完整	A：3.0~4.0 B：>3.3~4.3 C：>3.0~3.5 D：>3.0~4.0 E：2.0~3.0
V	较软岩，岩体破碎 软岩，岩体较破碎至破碎 全部极软岩及全部极破碎岩（包括受构造影响严重的破碎带）	A：2.0~3.0 B：>2.0~3.3 C：>2.0~3.0 D：>1.5~3.0 E：1.0~2.0
VI	受构造影响严重呈碎石、角砾及粉末、泥土状的富水断层带，富水破碎的绿泥石或碳质千枚岩	<1.0 （饱和状态的土<1.5）

表 3-4　岩性类型的划分

岩性类型	代 表 岩 性
A	岩浆岩（花岗岩、闪长岩、正长岩、辉绿岩、安山岩、玄武岩、石英粗面岩、石英斑岩等） 变质岩（片麻岩、石英岩、片岩、蛇纹岩等） 沉积岩（熔结凝灰岩、硅质砾岩、硅质石灰岩等）
B	沉积岩（石灰岩、白云岩等碳酸盐类）
C	变质岩（大理岩、板岩等） 沉积岩（钙质砂岩、铁质胶结的砾岩及砂岩等）
D	第三纪沉积岩（页岩、砂岩、砾岩、砂质泥岩、凝灰岩等） 变质岩（云母片岩、千枚岩等），且岩石单轴饱和抗压强度 R_c>15MPa
E	晚第三纪-第四纪沉积岩（泥岩、页岩、砂岩、砾岩、凝灰岩等）且岩石单轴饱和抗压强度 $R_c \leqslant$15MPa

3.5.2　地下工程围岩性态检测

围岩的应力状态重分布与工程岩体结构形状、尺寸大小以及开挖方式有关，部分围岩的应力更加集中，有的则由压缩状态转变为拉伸状态，有的更进一步压缩或拉伸；同时，应力大小与工程结构的埋深、地质构造、地面形态条件、地下水活动等有关，声波检测技术可以分析和获取工程围岩特性随开挖的时空变化状况。

3.5.2.1　围岩分区的声波检测

随着岩体的开挖，地下洞室围岩形成弱化区、承载区和原岩区（图 3-10），在围岩的一定的影响范围内，岩体被弱化，表现在裂隙增多，抗压强度及弹性模量降低等特点，同时此范围内的岩体声波的传播速度相对较低，称为弱化区（又称松弛带、松动圈或裂隙区）；紧接着弱化区，由于应力重分布在弱化区以外一定范围内应力增高，裂隙压密，在声波特征上表现为波速相对较高的承载区；在承载区以外，不受岩体挖空结构影响的天然岩体，声波特征表现为原岩正常的波速即为原岩应力区。

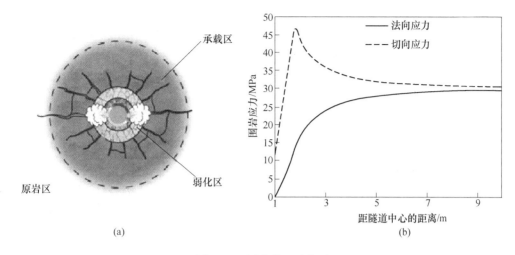

承载区

原岩区

弱化区

(a)

(b)

图 3-10   围岩分区示意图

A   测试断面及测孔的布置

在工程地质条件具有代表性的已开挖围岩区域，布置测试断面，然后依据工程实际和洞室断面大小与形状而布置若干组测孔，每组测孔为 2~4 个，孔深 1~2.5 倍洞径（D）。对于探洞和单线铁路隧道等断面尺寸较小的洞室，一般布置 5~7 组孔即可；对于大跨度高边墙的大型地下洞室，则应视具体工程情况，相应增加测孔的组数。在一个断面上的各组测孔，应尽可能选择在工程地质条件基本相似的部位上，以免影响测试结果和增加资料分析上的困难。

B   测试方法

单孔法主要可以了解径向应力变化，另外对岩体裂隙的反映比较明显。根据每组测孔数量的多少，可分单孔、双孔和多孔等测试方法。单孔点测法也就是测孔平透折射波法，应用一发一收或一发二收单孔测试换能器，置于一个测孔中，每次移动一定距离测读（图 3-11），然后经计算并做出纵波速、波幅与测点至洞壁面的距离之间的关系曲线，即

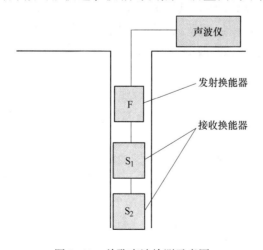

图 3-11   单孔声波检测示意图

v_p-L、A-L 曲线。双孔点测法也就是孔间透射直达波法，主要用来了解孔间岩体和切向应力的变化情况。多孔轮环点测法是每组测孔在 3 个以上时，轮换测试，实际上是多个单孔或双孔测试法。对于层状或节理化岩体，应按岩层或主要节理裂隙方向，布置成平行、垂直、斜交，分别测试，以便综合分析。孔口岩壁面，增压式换能器无法施测的部位，可用平面换能器在相应位置作补充测试。

3.5.2.2　v_p-L 曲线的类型

A　基本参数的测试

（1）代表性岩石试件的声波测试。零载下岩石试件的基本波速值，逐级加载下，波速随应力增加的变化情况，做出波速与应力之间的关系曲线，以便了解岩石试件在某一应力值范围，波速如何增减，何时破裂，何时破坏；同时，还要做岩石试件动静弹模的对比试验，以及抗压强度等试验。

（2）现场岩体基本波速的测定。在现场选择有代表性的地段，打一系列测孔，孔深超过应力扰动区范围的某一深度，以一孔发射，多孔分别接收，根据测得的数据，做出岩体声波传播的时距曲线，即可获得该岩体在原岩应力状态下的基本波速值，为分析和解释提供依据；同时，还可测试岩体的吸收衰减系数和岩体可穿透声波的距离等。

B　曲线的解释方法

（1）根据测定的基本参数，取岩体基本波速或岩石试件的基本波速值，作为划分的标准值。波速高于此值者，为应力上升带（自承圈）的特征值；低于此值者，则为松弛带的特征值。

（2）如果测试过程中，能清楚分辨出纵、横波，每测点（或多数测点）能由此而求得动弹模，也可以根据动弹模的大小进行分带；另外，波幅参数也可作为判别的依据。

（3）将岩体所受应力大小与岩体准抗压强度进行比较，作为分带依据。根据岩体在应力作用下不致破坏所必需的抗压强度，计算与此相应的临界声速值作为基本值，围岩波速高于该值者为稳定的；反之是不稳定的。

C　v_p-L 曲线的解释

按照上述解释方法，将 v_p-L 曲线特征归纳为若干典型类型，进行解释讨论。

（1）图 3-12（a），随着距离壁面不同深度各测点的波速，基本上与岩体（或岩样）的基本波速相一致。这表明该测段的围岩，既无松弛带，也无应力集中的现象，岩体完整性良好。

（2）图 3-12（b），靠近洞壁段，围岩波速超过了岩体（或岩样）的基本波速，表明无松弛带。而洞壁附近就是应力上升带（自承圈），岩体处于弹性平衡状态，这类型一般发生在坚硬完整的围岩。

（3）图 3-12（c），从洞壁起至某一深度，声波衰减强烈，波速低甚至无法测读，此时波速均低于岩体（或岩样）的基本波速值，但随深度递增而逐渐提高，而到达某一深度之后，波速则大致稳定在岩体（或岩样）的基本波速值范围。这表明前段围岩为松弛带，后段为原岩应力状态。这一类型常见于地下工程中的坚硬裂隙岩体所组成的围岩。

（4）图 3-12（d），具有典型的三分带。前段为松弛带，中段为应力上升带（自承圈），然后是原岩应力带。此类型常见于软弱破碎的围岩。

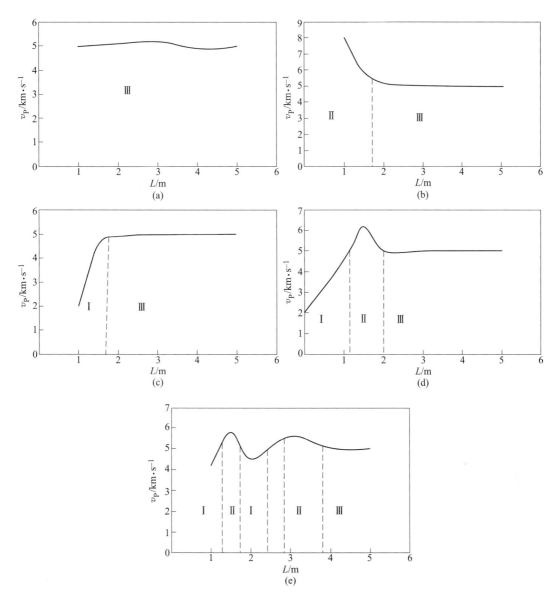

图 3-12 曲线的几种典型类型
Ⅰ—松弛带；Ⅱ—应力升高带；Ⅲ—原岩带

（5）图 3-12（e），具有二重高波速区，显示围岩分带的多重壳层的特点。这可能是围岩随掌子面前进和时间推移，应力状态随着变化。表明前一高波速区是应力集中引起的，后一高波速区才是通常的自承圈，其实两者均为受压壳层。需要注意的是，切不可将由于裂隙影响所造成的波速高低变化的"多峰"现象，误认为是"M"型分带，而要结合测段的具体地质条件和岩体的基本波速等因素，认真分析研究，才能正确地判断。

3.5.2.3 围岩松弛带的确定

工程岩体开挖改变了岩石工程围岩的原始应力，从而导致围岩应力的改变，最终导致岩石应力传递、集中和岩石强度降低的现象，岩石变形乃至损坏现象时有发生。在压力较高条件下的围岩状态主要涉及破裂区、塑性区、弹性区和原岩应力区。松动圈是在开挖岩体周围形成的破裂区域，并且是由应力引起的环形破裂区域，是岩石地下工程中经常出现的物理和力学现象，其厚度与围岩应力和围岩强度有关，数值上体现了支撑围岩的复杂情况。岩体松动圈的确定往往具有重要的工程价值和实际意义，也是围岩稳定性分析和支护设计的基础数据。

A 不同阶段实测松弛带的应用

（1）如果松弛带的测定工作是在勘测设计阶段的探洞（或超前小导坑）中进行，那么实测所得的松弛带范围，反映的是该探洞的情况。这与断面大得多的实际工程相比无疑是有差别的。这就有一个由小断面的松弛带范围，如何推求大断面情况的问题。建议采用下列公式来解决：

$$H_s = CB \qquad\qquad (3\text{-}12\ (a))$$
$$H_s = C(H + B) \qquad\qquad (3\text{-}12\ (b))$$

式中，H_s 为松弛带宽度；C 为经验系数；H 为洞室高度；B 为洞室的宽度或洞径。C 值可在一已知洞径的洞室，实测出松弛带厚度后，代入上式反求出，然后，以求出的 C 值，推算出同一岩体条件下，不同洞径的地下洞室的松弛带厚度。

由于岩体的裂隙间距是相对固定的，对不同洞径的围岩的影响是不相同的，因此，上述的办法是粗略的。如果条件许可，最好在属于同一岩体但具有不同直径的探洞（或洞室）分别测试，再将试验结果绘制"比量系数曲线"，推求所需的系数，就更为科学和合理。

（2）如果松弛带的实测工作是在正式工程施工期间的毛洞中进行，那么就可以根据实测的松弛带的数据，验证原设计是否正确，以此来补充和修正原设计，使其更符合实际情况且安全合理。

B 围岩的波速和松弛带的厚度

通过对不同波速的围岩，实测松弛带范围的资料积累，可以知道它们之间有一定关系。根据实测资料和日本若干花岗岩隧道的测试结果表明，围岩波速在 3km/s 以上，松弛带厚度为 0~2.5m 之间散布；松弛带厚度超过 1.5m 后，波速变小，松弛带厚度变大。池田和彦研究了围岩的波速、裂隙系数与松弛带范围之间关系，得出如下经验公式。

（1）适用于矿山法马蹄形断面的公式：

$$H_s = 0.05 \times (D + h)\left(6.0 - v_w \frac{v_w}{v}\right)^2 \qquad\qquad (3\text{-}13)$$

（2）适用于掘进机圆形断面的公式：

$$H_s = 0.06 \times \left(6.0 - v_w \frac{v_w}{v}\right)^2 \qquad\qquad (3\text{-}14)$$

（3）对塑形变形及膨胀性的围岩的公式：

$$H_s = 8.0 \times e^{-0.35 v_w} \qquad\qquad (3\text{-}15)$$

式中，H_s 为松弛带厚度，m；D 为开挖断面宽度，m；h 为开挖断面高度，m；v_w，v 分别为围岩、岩石试件的波速，km/s。

C 松弛带的横断面形态及随时间的变化

（1）松弛带的横断面形态取决于地质条件和地应力条件，有时拱顶松弛程度比侧壁大，有时侧壁松弛程度比拱顶大；但地质条件好时，拱部与侧壁相差不大，松弛程度几乎是一样的。

（2）松弛带将随时间而变化。毛洞围岩如没有及时支护，其松弛带将逐步扩大范围。一般来说，围岩松弛量在开挖后 2~5 个月时间内大部分完成，其后的变化就较小。

3.5.3 岩体破裂损伤声波检测

对于岩体工程的开挖，从施工开始到结束都要经过较长的时间，是一个逐步开挖卸荷的过程，洞室的几何形状、物理特性、边界条件等随时间逐步变化。伴随着围岩应力重新分布，隧洞周边收敛变形和岩石结构重组等现象的发生，隧洞周边裂隙、节理和剪裂缝等组成新的裂隙网络，形成开挖损伤区，而损伤比较严重的区域称为围岩松动圈。随着岩体埋深大的增大，地应力增高，地质条件和外部施工环境更加复杂，导致工程地质灾害频发，围岩移动更为剧烈，巷道产生的变形和破坏也更为严重（图 3-13），开挖损伤区的演化及产生常常会对深埋岩体工程的运营和稳定产生严重影响。采用声波检测技术对围岩的声波特性进行研究，并通过对声波数据的分析，可以了解开挖损伤区的岩体破裂演化规律，从而为深埋岩体工程的稳定分析、安全施工与运营提供数据和理论支撑。

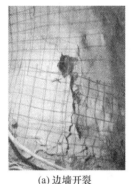   

(a) 边墙开裂　　　　(b) 葱皮剥落　　　　(c) 板裂化　　　　(d) 岩爆

图 3-13　岩体开挖后的损伤破坏

3.5.3.1 声波检测原理与设备

对于工程岩体，波的传播速度取决于组成岩体的岩石类型和结构面。岩体与其他介质一样，一方面，当弹性波通过岩体中不同物理力学性质的结构面时，传播声波时要发生几何衰减和物理衰减，使弹性波能量不断得到衰减造成波速降低；另一方面，地下围岩处在不同的应力状态中，其动弹性模量、动泊松比及密度都发生变化，其数值的改变导致岩体中纵波波速的变化，造成高应力作用区波速相对较大，低应力区中波速相对较低。综合工程特点、技术水平和测试方法，将围岩损伤划分为开挖损伤区、开挖扰动区和未扰动区。开挖损伤区是指可观测到因开挖诱发新生裂隙的区域，最小尺度为 0.2mm；而开挖扰动区是指岩体位移或微破裂信号较为集中的区域；未扰动区是指岩体裂隙、位移和微破裂信号几乎均没有变化的区域。

在实际锦屏深埋科研试验洞中，钻孔声波波速显著降低的区域为损伤区，为达到检测目的采用 RSM-SY5 声波测试仪进行声波检测，如图 3-14 所示，部分设备技术参数如

表 3-5 所示，其目的主要是通过声波仪测试岩体开挖前后纵波波速变化。

(a) 声波测试主控箱   (b) 跨孔声波探头   (c) 单孔声波探头

图 3-14 测试设备及部件

表 3-5 部分设备技术参数

滑动测微计		声 波 仪	
组件名称	技术参数	工作名称	技术参数
探头基本长度	1000mm	触发方式	通道、外、内触发等五种模式
传感器测量范围	±10mm	触发阈值	20mV、40mV、80mV、160mV、320mV、640mV、1280mV、2560mV
传感器系统精度	±0.002mm	记录通道	0.5k、1k、2k、4k、8k 五档可调
传感器线性度	<0.02%FS	采样间隔	0.1~6553.5μs
传感器分辨率	0.001mm	延迟时间	(−32768~+32767)×采样间隔
温度影响系数	<0.01%FS/℃	采样精度	最小 0.1μs
操作温度	−20~+60℃	脉 宽	0.2~6553.5μs
高压下的水密性	高达 1.5MPa	增 益	自动，0.1~10000 倍（−20~80dB）
探头重量	3.2kg	低 通	2kHz、10kHz、50kHz、1000kHz
校准测量区段	997.5mm/1002.5mm	高 通	0.01kHz、0.1kHz、5kHz、20kHz
校准操作温度	+20±2℃	发射电压	300V、800V
校准热系数	<0.0015mm/℃	供电模式	交、直流两用

3.5.3.2 锦屏深埋科研试验洞简介

2009 年 3 月，世界埋深最深的岩石力学地下实验室在锦屏二级水电站开始开挖，锦屏水电站位于雅砻江下游四川省凉山州境内，锦屏二级水电站是雅砻江上水头最高、装机规模最大的水电站，属雅砻江梯级开发中的骨干水电站，装机容量 $4.8×10^6$kW，紧邻锦屏一级水电站。锦屏辅助洞是锦屏水电站前期工程的关键项目，由 A、B 两孔单车道隧洞组成，起到交通运输和超前勘探的双重作用。A、B 两洞位于锦屏二级水电站引水隧洞的南侧，洞长 17.5km，隧洞中心间距 35m，4 条引水隧洞平行布置，起自景峰桥闸址，止于大水沟厂房。1 号和 3 号引水隧洞采用 TBM 施工，挖洞径 12.4m，上覆岩体一般埋深 1500~2000m，最大埋深约为 2525m；2 号和 4 号引水隧洞采用钻爆法施工，开挖洞径 13m，衬砌后洞径 11.8m。

为研究深部岩体开挖损伤区形成与演化机理，在辅助洞 A 洞不同埋深位置开挖了 4

个试验洞进行相关试验。其中，1 号试验洞位于盐塘组大理岩最大埋深处，埋深 1830m；2 号试验洞位于白山组大理岩最大埋深处，埋深 2430m；3 号试验洞与 2 号试验洞近邻，埋深 2370m。2-1 号试验洞上覆岩层厚度约 1850m，岩性为 T_{2y}^5 灰白色层状中粗晶大理岩，节理裂隙较为发育，辅助洞 A 和 2 号引水隧洞沿线地质剖面如图 3-15 和图 3-16 所示。

3.5.3.3　钻爆法开挖试验洞布置形式

辅助洞 A 洞内试验洞区采用钻爆法开挖，3 个试验洞区沿辅助洞轴线方向自东向西方向依次为 1 号试验洞区、2 号试验洞区和 3 号试验洞区。试验洞区又由多条试验支洞和连接支洞组成，形成复杂的试验洞群。辅助洞内各试验支洞埋深、断面形状、尺寸参数如表 3-6 所示。1 号与 2 号试验洞区布置形式类似，2 号与 3 号两大试验洞区轴线间距 100m，地层与岩性相同，接近锦屏二级水电站最大埋深位置。试验洞支洞轴线均与辅助洞轴线互相平行，试验支洞 D、试验支洞 B、试验支洞 C 和试验支洞 F 主要进行裂隙、损伤区的形成与演化的监测试验。

表 3-6　钻爆法开挖试验支洞参数

试验洞区	试验支洞	埋深/m	隧洞形状	隧洞尺寸（宽×高）/m	开挖方式	地层	岩性
1 号试验洞区	试验支洞 D	1830	城门洞形	3.0×2.2	全断面	岩塘组 T_{2b}，T_{2y}^6	大理岩
2 号试验洞区	试验支洞 C	2430	城门洞形	3.0×2.2	全断面	白山组 T_{2b}，T_{2y}^5	大理岩
3 号试验洞区	试验支洞 B	2370	城门洞形	5.0×5.0	全断面	白山组 T_{2b}，T_{2y}^5	大理岩
	试验支洞 F	2370	城门洞形	7.5×8.0	分上、下台阶	白山组 T_{2b}，T_{2y}^5	大理岩

3.5.3.4　测试钻孔布置

1 号试验洞、3 号试验洞、2-1 号试验洞内检测钻孔布置如图 3-17 和图 3-18 所示，2 号试验洞与 1 号试验洞钻孔布置方式类似，检测的内容包括开挖损伤区的变形、围岩松动圈，采用弹性波测试获得从开挖开始、支护结构设计到整个运行期的围岩变形、裂纹开裂与闭合的全部数据。

声波测试钻孔布置主要考虑声波探头外径、水耦合性和测试准确度三个影响方面。声波发射和接收传感器外径较小，由于测试过程需要水做耦合剂，为保证探头与水的充分耦合性，孔径不宜过小，过小则探头推进时通畅性不够，影响下一段测试数据的提取，为此设计钻孔直径为 75mm；另一方面，为保证波速测试结果的准确度，测试两孔应具有较好的平行度。孔距大小应确保接收信号良好，并保证一定的强度，根据地球物理条件、仪器分辨率、激发能量来确定，并应进行孔斜测量和孔距校正。

3.5.3.5　深埋隧洞开挖岩体破裂与波速变化规律分析

为了解洞室围岩损伤及应力分布状态，明确岩体松弛深度及演化规律，根据《水利水电工程物探规程》（SL 326—2005），采用跨孔声波技术对各试验洞区进行了开挖前后岩体波速测试。测试结果表明，岩体弹性波纵波波速在边墙位置较小，在距离边墙一定位置波速增大，将围岩应力变化分为应力松弛区、应力集中区和原岩应力区，如表 3-7 所示。各试验洞区波速表现为 2 号试验洞>3 号试验洞>1 号试验洞，这一规律主要由岩性和岩体完

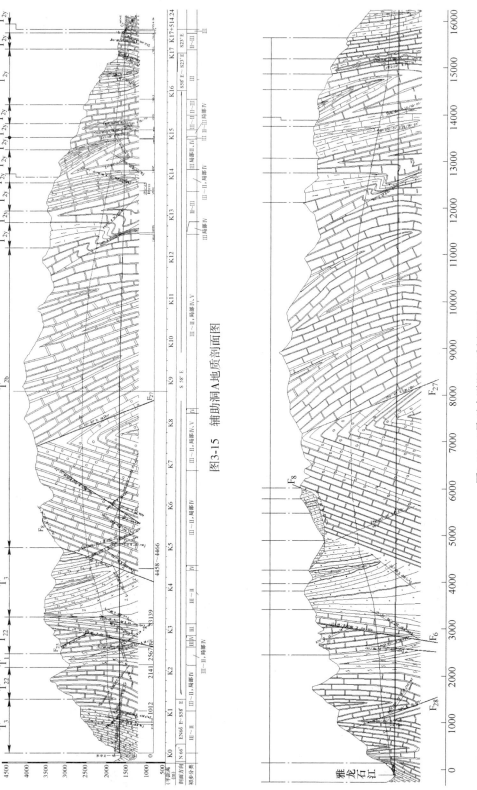

图3-15　辅助洞A地质剖面图

图3-16　2号引水隧洞地质剖面图

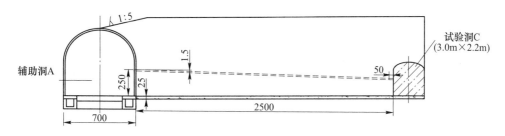

图 3-17 1 号试验洞区测试钻孔布置图（cm）

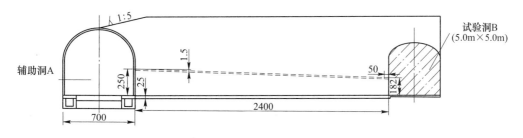

图 3-18 3 号试验洞区测试钻孔布置图（cm）

整性来决定，这是因为 2 号试验洞和 3 号试验洞的岩体完整性较好，1 号试验洞的完整性较差，而且有白山组 T_{2b} 和盐塘组 T_{2y}^6 大理岩两个地层组成，岩性变化较大。

表 3-7 开挖前弹性波随孔深的变化关系

试验洞区	埋深/m	地层岩性	隧洞尺寸/m	弹性波波速随钻孔深度的变化曲线	变化特点
1 号试验洞区，试验支洞 D	1800	白山组 T_{2b} 和盐塘组 T_{2y}^6 大理岩	3.0×2.2		①曲线特点：先上升后下降再下降。 ②各区范围： 应力松弛区 0.0~0.8m； 应力集中区 0.8~4.9m； 原岩应力区 4.9~23.2m。 ③平均波速为 3500m/s
2 号试验洞区，试验支洞 C	2430	白山组 T_{2b} 大理岩	3.0×2.2		①曲线特点：先上升后下降再平直。 ②各区范围： 应力松弛区 0.0~4.1m； 应力集中区 4.1~8.0m； 原岩应力区 8.0~24.5m。 ③平均波速为 5500m/s

续表 3-7

试验洞区	埋深/m	地层岩性	隧洞尺寸/m	弹性波波速随钻孔深度的变化曲线	变化特点
3号试验洞区，试验支洞 B	2370	白山组 T_{2b} 大理岩	5.0×5.0		①曲线特点：先上升后下降再上升。②各区范围：应力松弛区 0.0~4.0m；应力集中区 4.0~7.8m；原岩应力区 7.8~24.0m。③平均波速为 5000m/s
3号试验洞区，试验支洞 F	2370	白山组 T_{2b} 大理岩	7.5×8.0		①曲线特点：先上升后下降再平直。②各区范围：应力松弛区 0.0~3.2m；应力集中区 3.2~8.5m；原岩应力区 8.5~24.0m。③平均波速为 5850m/s

由于辅助洞开挖，岩体卸荷，靠近辅助洞边墙位置岩体波速明显降低，由于地层和埋深不同，以及岩体结构比较复杂，松弛深度有所不同。各试验洞纵波波速随钻孔深度的变化关系如下所述：

（1）1号试验洞波速曲线变化特点：具有急速上升后缓慢下降的特点。曲线急速上升说明岩体松弛深度较小。缓慢下降的原因主要是因为孔口位置向孔底位置岩性发生了渐变。开挖过后波速有小幅降低，幅度在 200m/s 左右，这是因为岩性较差，开挖洞径较小，变形能力较大，不利于应力集中，波速缓慢变化体现了岩体"柔性"特点，即整体区域性变形。

对孔底 22.0~23.0m 范围一段进行分析，开挖过后钻孔轴线方向 22.1m 位置波速开始降低，接近孔底 23.0m 位置处波速降低最大。临近隧洞边墙围岩受试验支洞 D 开挖影响，波速在较短时间内有所降低，短期开挖扰动波速响应距离在 2.9m，大致为 1 倍洞径。尽管辅助洞洞径尺寸大于试验支洞 D，但是开挖扰动区前者却小于后者，这说明开挖扰动区的形成不仅与隧洞尺寸有关，而且还与隧洞附近岩体的力学性质相关，靠近试验支洞 D 的岩性较差、强度较小，扰动范围较大。

（2）2号试验洞波速曲线变化特点：波速缓慢增大后小幅降低，平稳一段距离后又有所上升。辅助洞开挖过后曲线缓慢上升主要是因为岩体松弛深度较大，应力集中区深度较小，而原岩应力区深度较大。试验支洞开挖后有小幅降低，但幅度降低值与 1 号试验洞相近。相同变形条件下应力集中值较高，松弛深度较小，波速急速变化体现了岩体"刚性"特点，即围岩局部性损伤和松弛深度较小。

（3）3号试验洞波速曲线变化特点：波速缓慢增大后小幅降低，平稳一段距离后又有所上升。变化趋势与 2 号试验洞曲线类似。不同的是原岩应力区波速平均值小于 2 号试验洞，这是因为 3 号试验洞埋深小于 2 号试验洞，地应力值较小。开挖过后波速有大幅降低，时效性较明显，松弛深度大于 2 号试验洞，说明开挖损伤深度随隧洞尺寸的增大而增大。

图 3-19（a）~图 3-22（a）给出了开挖后不同时间内岩体纵波波速沿钻孔轴向的变化关系。同时，为减小因各测次测点位置对正不严格带来的随机误差影响，取距离开挖试验支洞边墙 0.5~2.5m 区域平均纵波波速作为研究对象。试验支洞 F 因后期不能全部推进钻孔进行测试，故取距离试验支洞边墙 2.5~4.5m 区域平均波速，研究开挖后岩体波速随时间和掌子面推进的关系，如图 3-19（b）~图 3-22（b）所示。

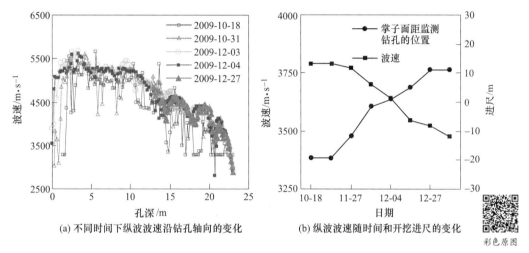

图 3-19　试验支洞 D 岩体波速时效特征

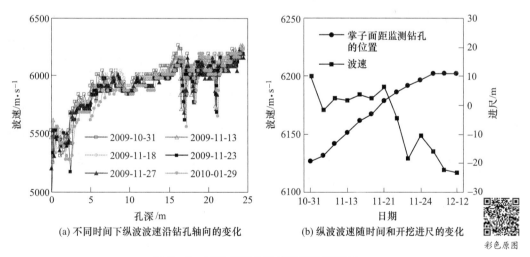

图 3-20　试验支洞 C 岩体波速时效特征

（1）随着隧洞尺寸的增大，岩体松弛径向深度增大。隧洞尺寸对岩体径向松弛深度影响较大。当隧洞尺寸较小时，岩体波速降低较小，而当隧洞尺寸较大时，岩体波速降低较大，如试验支洞 B 和 F 开挖平均波速降低幅值大于试验支洞 B，如表 3-7 所示。

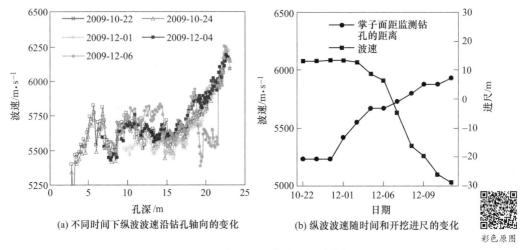

(a) 不同时间下纵波波速沿钻孔轴向的变化　　(b) 纵波波速随时间和开挖进尺的变化

图 3-21　试验支洞 B 岩体波速时效特征

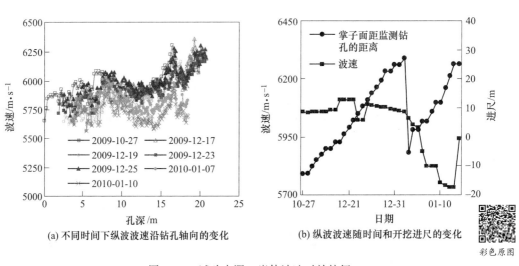

(a) 不同时间下纵波波速沿钻孔轴向的变化　　(b) 纵波波速随时间和开挖进尺的变化

图 3-22　试验支洞 F 岩体波速时效特征

（2）随着时间的变化岩体波速变化具有两种类型：1）单峰值型，即随着掌子面的推进，岩体因开挖卸荷，边墙出现松弛，岩体波速逐渐降低，经过一段时间后趋于平衡不再变化，这种类型多发生在小洞径尺寸开挖；2）多峰值型，即随着掌子面的推进，岩体波速因开挖卸荷先减低，平衡一段时间后，应力调整导致局部应力集中波速增大，应力集中到一定程度后岩体进行二次剪切或拉伸破坏，然后岩体波速再降低，循环往复，直至应力趋于平衡，岩体不再发生破坏后岩体波速稳定，出现多峰值类型变化。由此可见，当第一次波峰过后控制住平衡时间，支护后岩体强度等于调整后岩体应力的大小，即是对岩体支护的最佳时机。

（3）掌子面推进过程中岩体波速轴向变化规律。由于声波灵敏度较高，从轴向影响距离看，当掌子面到达前 2~3 倍洞径时，波速就开始逐渐减小；而掌子面过后 3~4 倍洞径时，波速进一步减小。当掌子面经过检测位置时，波速跌落最大。具体地说，岩性相同时，随着洞径尺寸的增大，轴向影响距离增大；洞径尺寸相同时，地质结构对波速的影响较大。上下台阶开挖与全断面开挖相比，能够大大减小声波降低幅值。

表 3-8 开挖前后靠近边墙区域岩体平均波速变化统计表

试验洞区	埋深/m	地层与岩性	隧洞尺寸/m	初始波速/m·s⁻¹	掌子面到达监测钻孔前		掌子面到达监测钻孔后	
					波速影响轴向距离/m	纵波波速降低幅值/%	波速影响轴向距离/m	纵波波速降低幅值/%
1 号试验洞区，试验支洞 D	1800	白山组 T_{2b} 和盐塘组 T_{2y}^6 大理岩	3.0×2.2	3789.6	13.4	3.91	>10.0	9.02
2 号试验洞区，试验支洞 C	2430	白山组 T_{2b} 大理岩	3.0×2.2	6199.8	12.5	0.15	11.0	1.30
3 号试验洞区，试验支洞 B	2370	白山组 T_{2b} 大理岩	5.0×5.0	6079.3	15.0	7.39	>9.0	17.26
3 号试验洞区，试验支洞 F	2370	白山组 T_{2b} 大理岩	7.5×8.0	6088.1	12.5	1.45	25.0	5.87

注：表中试验支洞 B、C、D 波速均指靠近边墙 0.5～-2.5m 区域平均波速值，试验支洞 F 为靠近边墙 2.5～4.5m 位置平均波速值。

开挖后岩体波速主要受试验支洞尺寸、监测位置与掌子面的距离和岩体性质三个方面的影响。深埋岩体波速的动态响应一方面反映了开挖引起岩体应力的非线性分布特征，在岩体内形成应力松弛区、应力集中区和原岩应力区；另一方面反映了波速受结构面及岩性地质环境影响。当裂隙增多、岩溶发育、泥岩填充严重时一般孔底波速较小，这与测区地质条件相符。开挖造成临近隧洞围岩波速降低，并随时间向深处演化。

总之，声波在不同介质传播时，速度和振幅均有所变化，振幅的衰减取决于岩体对声波的吸收作用，波速大小随应力、介质密度的增大而增加，随裂隙的发育、密度的降低、声阻抗的增大而降低，通过弹性波速的衰减特征可以分析岩体破裂及松动状态。

—— 本 章 小 结 ——

该章介绍了声波检测技术的基本原理、声波传播特征与岩体特性的关系、检测系统的组成及检测方法。

（1）岩体声波检测技术是以人工方式向岩体介质发射声波，并检测和分析声波在介质中的传播特性，以此作为分析或测定岩体物理和力学性质的依据。

（2）岩体的物理力学特性与岩体中弹性波传播特性之间的相互关系，是应用声波方法研究岩体特性的理论基础。弹性波的传播速度是传播介质的密度和弹性参数（杨氏弹性模量、刚性模量和泊松比）的函数。对岩体介质而言，岩体的孔隙、含水量、压力和温度等状态直接影响岩体介质的物理特性，岩体物理和力学特性与弹性波速的关系对分析和了解岩体物理力学性质是至关重要的。

（3）声波检测系统实现了岩体声波的检测分析，通常由声波发射系统、声波接收系统及数据处理系统组成；声波检测仪是利用不同介质中声波速度的不同来分析和判断周围介质物理力学性质，并对其工程性状和破坏情况进行预测分析的仪器。

（4）科学的声波检测方法是科学合理地解释有关数据，描述岩体特性，并解决岩石工程问题的基础。按照检测环境不同可分为野外声波检测和室内声波检测；按声波检测仪器与岩体的接触关系可分为布置在岩体表面的表面声波检测和钻孔内的内部声波检测；按照发射和接收换能器的配置数量，可分为一发一收、一发多收和多发多收等；按照声波的传播方式可分为直透法与平透法。

习题与思考题

1. 简述声波检测技术的基本概念。
2. 简述弹性波及其振动波的基本概念。
3. 简述岩体物理力学性质与弹性波速度的关系。
4. 简述声波检测系统的组成。
5. 简述声波检测技术的基本方法。

参 考 文 献

［1］陈成宗. 工程岩体声波探测技术［M］. 北京：中国铁道出版社，1990.

［2］Sayers C M，Kachanov M. Microcrack－induced slastic wave anisotropy of brittke rocks［J］. Journal of geophysical research solid earth，1995，100（B3）：4149－4156.

［3］Maxwell S C，Young R P，Read R S. A micro－velocity tool to assess the excavation damaged zone［J］. International Journal of Rock Mechanics and Mining Sciences，1998，35（2）：235－247.

［4］Sarkar K，Vishal V，Singh T N. An empirical correlation of index geomechanical parameters with the compressional wave velocity［J］. Geotechnical and Geological Engineering，2012，30（2）：469－479.

［5］葛修润，等. 三峡工程临时船闸和升船机之间岩体力学性状研究总报告［R］. 中国科学院武汉岩土力学研究所：水利部长江水利委员会，香港大学，1997.

［6］张玉柱. 基于岸波参数的若体爆破损伤区检测方法［D］. 武汉：武汉大学，2016.

［7］李占海. 深埋隧洞开挖损伤区的演化与形成机制研究［D］. 沈阳：东北大学，2013.

［8］李江华，廉玉广，马志超. 受载岩体破坏全过程声波响应特征及工程意义研究［R］. 2020.

［9］大久保彪，寺畸晃. 岩石の物理性质ど弹性波速度［J］. 土ど基础，1971，19（7）：31－37.

4 钻孔摄像监测技术

本章提要

通过阅读本章，可以了解掌握如下内容：
(1) 钻孔摄像技术基本原理与概念；
(2) 钻孔摄像系统组成；
(3) 钻孔图像平面展开图与虚拟岩芯图；
(4) 裂隙产状和隙宽的计算；
(5) 钻孔图像拼接与裂隙自动识别技术；
(6) 基于钻孔摄像技术的岩体破裂原位监测分析方法。

4.1　钻孔摄像监测技术概述

钻孔摄像技术主要是依靠光学原理，使人们能直接观测到钻孔内部的孔壁结构形态，是一种实用的新型孔内探测技术。它是一门多学科交叉应用的综合技术，涉及多方面的理论，主要包括光学、电子学、工程地质学以及多媒体计算机、数字图像处理和程序设计等相关理论。钻孔摄像技术主要是用于解决以下两个问题：如何对地质结构及岩体破裂情况进行探测和监测？如何准确完整地获得地质结构和岩体破裂信息，并对这些信息进行统计分析？

4.1.1　发展历程及其特点

钻孔摄像技术的出现是基于当代科学技术的发展，特别是在照相和摄像设备的小型化方面的突破。然而，现代数字技术的发展又进一步地将钻孔摄像技术推到一个更高的水平。自从 20 世纪 50 年代第一台钻孔照相设备诞生以来，钻孔摄像技术的发展主要经历了四个阶段：钻孔照相、钻孔摄像、数字全景钻孔照相和数字全景钻孔摄像。钻孔摄像系统在各个发展阶段的主要功能特征如表 4-1 所示。前两个阶段的技术特点是模拟方式下的定性观察、描述和评价，具有粗糙的估算能力，在一定程度上解决了孔内探测的难题，为钻孔成像技术的发展奠定了基础。而后两个阶段则是数字方式下的精确测量、定量评价和完整分析，是科学技术发展的必然产物，主要体现在全景技术、定位方法和数字技术的综合集成，克服了模拟方式下钻孔探测技术的不足，推动了孔内探测技术向可视化、数字化方向的快速发展。

4.1.1.1　钻孔照相

最早的钻孔摄像设备出现于 20 世纪 50 年代中期，即钻孔照相。这种设备使用感光胶片拍摄钻孔孔壁的静态照片。这些照片上包含有丰富的信息，工程技术人员能够直观和容

表 4-1　各个阶段的主要功能特征[1-3]

类别	功能特征						
	孔壁覆盖率	现场测试	实时监视	全景图像	数字功能	三维图像	定量分析
钻孔照相	100%						
钻孔摄像	100%	√	√				
数字全景 钻孔照相	100%	√		√	√		√
数字全景 钻孔摄像	100%	√	√	√	√	√	√

易地对这些信息加以识别。在钻孔照相系统中，其关键部分是装有微型照相机的探头。一般情况下，这种探头有两种不同的类型，即侧视探头和轴向观测探头。这些探头都由金属材料构成，具有防水能力，且外形呈管状，并且还安装了透明窗口用于拍照，能得到钻孔孔壁的完整照片，并能通过磁性罗盘确定照片的方位。所获得的照片可以在测试现场及时冲洗，可为工程人员提供直观的信息，可用于评估钻孔的外形和辅助工程地质调查和水井探测。

4.1.1.2　钻孔摄像

钻孔摄像首次被引入到我国是在 20 世纪 60 年代，并且一直沿用至今。钻孔摄像设备包括探头、深度测量装置、控制单元、电源、字符叠加器、录像机、监视器、电缆、绞车等。探头是该设备的关键部件，有侧视探头、轴向探头以及二者的组合探头 3 种类型。与钻孔照相一样，这些探头都能得到钻孔孔壁的完整图像，并能通过磁性罗盘确定图像的方位。到了 20 世纪 80 年代，钻孔摄像已成为一个重要的勘探工具，已经具备了现场实时探测和记录资料的能力。这些记录资料可以被反复地播放以便更加仔细地对钻孔内的岩体破裂情况进行分析研究。

在测试过程中，工程人员可以通过电视屏幕以轴向观测模式或侧向观测模式实时地观测钻孔内的情况。测试的全过程均可由录像机自动地记录。钻孔摄像的一个明显进步是实现了实时功能，自动控制技术的应用也使该设备的实际操作更加简单便捷，实际工程应用范围也更加广泛。

4.1.1.3　数字全景钻孔照相

曾经被钻孔摄像取代的钻孔照相，随着计算机及其图形学的发展，又重新得到了应用。这次它以数字化为其主要特征，以全新的概念展现在人们面前，它就是于 20 世纪 70 年代末出现的数字式全景钻孔照相系统。在该系统中，首次引入了全景钻孔图像的概念，即通过某种光学变换将钻孔孔壁的 360°图像变换成包含有三维信息的平面图像，并且通过引入截头的锥面镜实现全景钻孔图像。全景钻孔图像与以前的钻孔图像相比有很大区别，主要表现在：前者的可视范围大，包括了钻孔孔壁的 360°图像，但是它是经过变换后形成的，所以它发生了变形，不容易被观测，即缺乏直观性；后者的观测范围虽小，但是它未经变换，不会发生变形，因此能直接观测。

4.1.1.4 数字全景钻孔摄像

数字全景钻孔照相与数字全景钻孔摄像都是基于数字光学成像原理而形成的技术。数字光学成像是当今钻孔摄像技术发展过程中的一个里程碑，代表当前孔内探测技术的发展水平，其主要创新点在于全景图像的实现和数字技术的突破[4]。全景图像不仅可以用于定性地揭示钻孔内的岩体破裂情况，而且还可以定量地获得岩体结构的相关信息。数字技术的应用使全景图像能被处理成各种各样的二维或三维图像的表现形式。全景图像覆盖了360°的钻孔孔壁，而数字技术则提供了强有力的形成、显示和处理这些全景图像的能力。更进一步而言，这样的数字处理也为孔内地质结构信息和岩体破裂信息的准确测量和统计分析提供了一种便捷途径。

数字全景钻孔照相与数字全景钻孔摄像都有各自的特点，在应用领域都各自取代了钻孔照相和钻孔摄像。这两种系统的共同点是都利用了全景图像和数字化处理，但其根本差别在于前者使用的是照相机而后者使用的是摄像机，也就是静止照片（照相）与动态图像（摄像）的区别。数字全景钻孔摄像设备提供了现场及时处理和分析钻孔孔壁图像的能力。例如，在孔内探测过程中，全景图像、平面展开图和虚拟岩芯图也都可以实时地展示。

4.1.2 应用范围

钻孔摄像技术现已广泛应用于水利、土木、能源、交通、地质、矿山、环境等行业。在桩基检测、边坡勘察、锚杆锚索孔探察、混凝土浇筑质量检测、堤防隐患探测、水库渗漏探测、滑坡勘探、覆盖层探测、岩溶、底下洞穴、地下水资源勘探、灌浆质量检测、环境检测与评估等方面都得到了较好效果。

在大多数的实际工程应用中，这种技术主要是通过对钻孔孔壁的录像观测来弥补其他地质调查方式的不足。例如，用于直接观测地质结构特征，辨别岩层结构及其岩性，评估孔隙度和实时监测岩体破裂、孔内水流、突水位置等实际情况。这些工程应用主要体现在如下几个方面：

（1）在水利、土木、岩土等工程勘察中，主要用于观测岩体结构破裂情况，比如破碎带的位置和范围、各种结构面的产状和隙宽等。同时，还需编录工程勘察报告和地质柱状图。

（2）在煤矿、金矿等矿产资源勘察中，主要用于勘察矿体矿脉的厚度、倾向和倾角等，以便于矿体资源的定性定量分析。

（3）在混凝土检测方面，主要用于观察混凝土内空洞、裂隙、离析等缺陷的位置及程度。

（4）在地下管道和桩基检测方面，主要用于观测管道或桩基内各种异常和缺陷，定量分析接头质量及破碎、断裂以及裂隙的长度、宽度和走向等。

（5）在水井检修方面，主要用于检测井壁的裂隙、错位、井下落物、滤水管孔堵塞及流沙位置等。

4.1.3 发展趋势

钻孔摄像技术充分利用了当今最新的科学技术手段，已取得了长足的发展。因此可以预料，随着成像技术、数据传输技术、自动化技术和高性能计算机的快速进步，钻孔摄像技术还将在下面几个方面不断向前发展：

（1）高精度设备。随着更高精度数码相机的物理尺寸进一步缩小及其相关配件精度的进一步提升，钻孔摄像设备的勘测精度也将大幅度提高。与此同时，随着视频图像处理技术的发展，孔内录制的视频图像将得到更好的优化处理与三维重建。这些优化方法将能够更加真实地还原孔壁结构信息与岩体破裂信息，进而提升钻孔摄像设备的测量精度。

（2）光纤信号传输。在钻孔摄像设备中广泛使用的金属导线电缆是一种常规的信号传输方式。这种方式容易受到干扰，并且信号衰减严重，特别是针对超长深孔的钻孔摄像地质勘查。然而，光纤电缆能克服这些问题，已在数据传输方面已逐渐地取代了金属导线电缆。因此，为了钻孔摄像设备能长距离地传输高精度的图像信号，光纤电缆的使用也是一种必然趋势。

（3）孔内机器人。大多数的钻孔是直的，如垂直孔、水平孔和各种角度的倾斜孔，但也有一些钻孔是弯曲的（这些孔通常应用在石油工业中）。当前，钻孔摄像设备还不能通过这些弯曲的钻孔。为了使钻孔摄像设备能够到达钻孔内的任何位置，一种特殊的孔内机器人将得到发展。

4.2　基本原理概念

钻孔摄像技术是以光学成像技术为基础，数字图像处理技术及其配套硬件设计方法为主的多学科交叉应用技术。因此，首先需要简单介绍一下光学成像技术方面的基础知识及其相关概念。

4.2.1　光学成像基础知识

设计各种光学仪器设备的理论依据主要有以下列几个基本定律：

（1）光的直线传播定律。在各向同性的均匀介质中，光是沿着直线方向传播的。

（2）光的独立传播定律。不同光源发出的光在空间某点相遇时，彼此互不影响，独立传播。

（3）光的反射与折射定律。光的直线传播定律与光的独立传播定律描述的是光在同一种介质中的传播规律，而光的反射与折射定律描述的是光传播到两种均匀介质分界面上时的现象和规律。

首先了解一下折射率的概念，它是表征透明介质光学性质的重要参数。折射率一般指绝对折射率，其定义为光在真空中的传播速度与光在该介质中的传播速度之比。折射率高的介质称为光密介质，折射率低的介质称为光疏介质。

光的反射与折射定律定义如下：当反射光线位于入射面内，反射角 I'' 的大小等于入射角 I，即：

$$I = -I''　\qquad (4-1)$$

如图 4-1 所示，折射光线位于入射面内，入射角和折射角正弦之比对两种一定的介质来说，是一个与入射角无关的常数。

$$n_{1,2} = \frac{\sin I'}{\sin I} = \frac{n'}{n}　\qquad (4-2)$$

式中，$n_{1,2}$ 为第二种介质对第一种介质的相对折射率；n、n' 分别为第一种介质、第二种介质的绝对折射率。

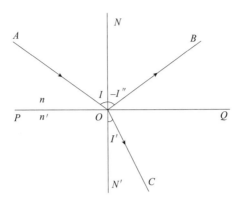

图 4-1　光的反射与折射

（4）光的全反射现象。光线入射到两种介质的分界面时，通常会发生反射和折射，但当光线由高折射率介质进入低折射率介质时，如果入射角 I 大于临界角 I_m，折射光线不复存在，入射光线全部反射回原介质，这种现象称为"全反射"。

当光线从光密介质进入光疏介质时，因为 $n_2 < n_1$，则 $I' > I$，折射光线相对于入射光线更偏离法线方向。当光线入射角 I 增大到一定程度时，折射角 I' 达到 90°，折射光线沿界面全反射出去，这时的入射角称为临界角 I_m。如图 4-2 所示，临界角 I_m 可以按下式求出：

$$\sin I_m = \frac{n_2}{n_1} \tag{4-3}$$

式中，n_1、n_2 分别为第一种介质和第二种介质的折射率，$n_1 > n_2$。

常见光的全反射实际应用如光纤、全反射棱镜等。

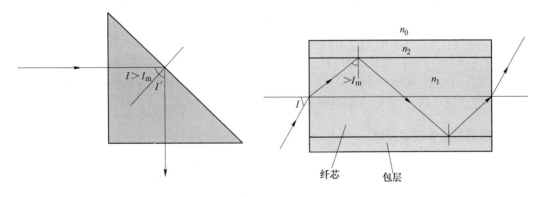

图 4-2　光的全反射现象与光纤

（5）光路的可逆定理。假定一条光线沿着一定的路线由 A 传播到 B，则如果在 B 点沿着与出射光线相反的方向投射一条光线，则此反向光线仍沿着同一条路线由 B 传播到 A，这就是光路的可逆定理。

光学仪器中很大一部分是成像的仪器，如显微镜、望远镜、投影仪和相机等。其中，相机是钻孔摄像系统中的一个重要部件。下面通过图4-3介绍一些有关光学成像的基本概念。

图4-3　光学系统中的一些部件

（1）同心光束。各光线本身或其延长线交于同一点的光束。

（2）光具组。由若干反射面或折射面组成的光学系统，如图4-3所示中的凹凸镜和光源。

（3）实像、虚像。若射出的同心光束是会聚的，称像点 Q 为实像；若射出的同心光束是发散的，称像点 Q' 为虚像。

实像是能呈现在光屏上的像，它是由实际光线会聚而成的，能使底片感光，所以叫实像。它是实际光线的交点。在凸透镜成像中，所成实像都是倒立的。如果物体发出的光经光学元件反射或折射后发散，则它们反向延长后相交所成的像叫作虚像。虚像是实际光线所不能达到的，因此不能被光屏承接。虚像为正立的成像。

（4）实物、虚物。如果入射的是个发散的同心光束，则相应的发散中心 Q 称为实物；如果入射的是个会聚的同心光束，则相应的会聚中心 Q 称为虚物。

（5）物像空间。光具组第一个曲面以前的空间称为"实物空间"，第一个曲面以后的空间称为"虚物空间"；光具组最后一个曲面以后的空间称为"实像空间"，最后一个曲面以前的空间称为"虚像空间"。整个物空间（包括实物空间和虚物空间）是无限扩展的，整个像空间（包括实像空间和虚像空间）也是无限扩展的。

4.2.2　薄透镜成像基本原理

薄透镜是指其厚度比两个球面的曲率半径小得多的透镜，也是组成光学系统的最基本元件，它的主要作用是成像。按面形划分，可分为球面透镜和非球面透镜。按使光线折转的作用划分，可分为凸透镜（也称正透镜或会聚透镜）和凹透镜（也称负透镜或发散透镜），比如图4-3中的光学成像部件。

薄透镜成像基本原理如图4-4所示，其成像基本公式如下：

$$\frac{f'}{s'} + \frac{f}{s} = 1 \tag{4-4}$$

式中，s 为物距；s' 为像距；f 为实物一方的焦距；f' 为成像一方的焦距。

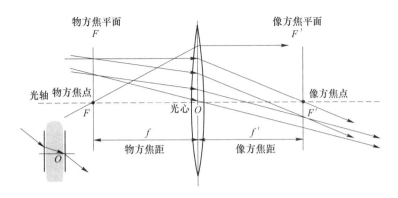

图 4-4 薄透镜成像原理

凸透镜的特点：中心厚边缘薄，焦距 $f>0$，对光线起会聚作用。焦距越短，会聚本领越大。凹透镜的特点：中心薄边缘厚，焦距 $f'<0$，对光线起发散作用。焦距越短，发散本领越大。

凸透镜成像基本规律：物体放在焦点之外，在凸透镜另一侧成倒立的实像，实像有缩小、等大、放大三种。物距越小，像距越大，实像越大。物体放在焦点之内，在凸透镜同一侧成正立放大的虚像。物距越大，像距越大，虚像越大。凹透镜对光线起发散作用，它的成像规律则要复杂得多，这里不多介绍。

当物、像两方的折射率相等时，$f=f'$，式（4-4）可转化为：

$$\frac{1}{s'} + \frac{1}{s} = \frac{1}{f}$$

（4-5）

这便是薄透镜物像公式的高斯形式。前面的物距 s 和像距 s' 都是从光心算起的。它们也可以从焦点 F、F' 算起。从 F、F' 算起的物、像距记作 x、x'，对它们的正负号做如下约定：

（1）当物点 Q 在 F 左侧，则 $x>0$；Q 在 F 右侧，$x<0$。

（2）当像点 Q' 在 F 左侧，则 $x'<0$；Q' 在 F 右侧，$x'>0$。

由此可得：

$$\begin{cases} s = x + f \\ s' = x' + f' \end{cases}$$

（4-6）

将上式代入成像公式，得：

$$xx' = ff'$$

（4-7）

这是薄透镜物像公式的牛顿形式。以上均是光学成像的基础理论知识，也是进行光学成像设备设计与制造的基础。

4.2.3 空间物体成像的景深

4.2.3.1 景深的定义

景深是指在摄影机镜头或其他成像器前沿，能够取得清晰图像的成像所测定的被摄物体前后距离范围。当相机的镜头对着某一物体聚焦清晰时，在镜头中心所对的位置垂直镜头轴线的同一平面的点都可以在胶片或者接收器上形成相当清晰的图像。在这个平面沿着镜头轴线的前面和后面一定范围的点也可以形成眼睛可以接受的较清晰的像点，把这个平面的前面和后面的所有景物的距离叫作相机的景深，如图4-5所示。

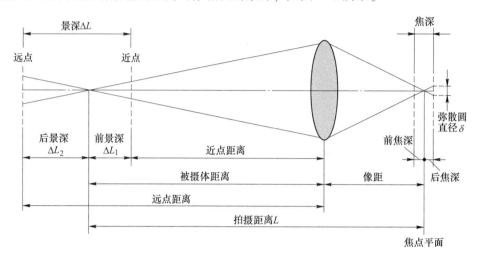

图4-5　摄像机的景深

与光轴平行的光线射入凸透镜时，理想的镜头应该是所有的光线聚集在一点后，再以锥状扩散开来，这个聚集所有光线的一点，就叫作焦点。在焦点前后，光线开始聚集和扩散，点的影像变成模糊的，形成一个扩大的圆，这个圆就叫作弥散圆，如图4-5所示。人的肉眼所感受到的影像与放大倍率、投影距离及观看距离有很大的关系。如果弥散圆的直径小于人眼的鉴别能力，在一定范围内实际影像产生的模糊是不能辨认的。这个不能辨认的弥散圆就称为容许弥散圆。在焦点的前、后各有一个容许弥散圆。换言之，在景深这段空间内的被拍摄物体，其呈现在底片面的影像模糊度，都在容许弥散圆的限定范围内。以持照相机拍摄者为基准，从焦点到近处容许弥散圆的距离叫前焦深，从焦点到远方容许弥散圆的距离叫后焦深。

4.2.3.2　景深三要素

光圈、镜头以及与拍摄物的距离是影响景深的三要因素。光圈越大（光圈值 f 越小），景深越浅；光圈越小（光圈值 f 越大），景深越深。镜头焦距越长，景深越浅，反之景深越深。主体越近，景深越浅；主体越远，景深越深。

4.2.3.3　计算方法

根据景深的定义和图4-5所示关系，景深的计算方法如下：

$$\Delta L_1 = \frac{F\delta L^2}{f^2 + F\delta L} \tag{4-8}$$

$$\Delta L_2 = \frac{F\delta L^2}{f^2 - F\delta L} \tag{4-9}$$

$$\Delta L = \Delta L_1 + \Delta L_2 = \frac{2f^2 F\delta L^2}{f^4 - F^2\delta^2 L^2} \tag{4-10}$$

式中，δ 为容许弥散圆直径；F 为镜头的拍摄光圈值；f 为镜头焦距；L 为对焦距离；ΔL_1 为前景深；ΔL_2 为后景深；ΔL 为景深。

由景深 ΔL 计算公式可以看出，后景深 ΔL_2 大于前景深 ΔL_1，并且景深与镜头使用光圈、镜头焦距、拍摄距离以及对像质的要求（表现为对容许弥散圆的大小）有关。针对钻孔摄像系统中摄像机在孔内拍摄录像的环境，调节镜头光圈和焦距，确保拍摄距离在 5~50cm 内能够获得清晰图像即可。

4.2.4 钻孔图像与岩体破裂参数

4.2.4.1 岩体裂隙在钻孔图像中的成像关系

岩体在应力扰动作用下，会产生破裂现象。这种破裂表现为一定宽度的裂隙或结构面。通过科学钻孔，这种岩体破裂信息可以完整地反映在钻孔孔壁上，而钻孔摄像技术则可以获取孔壁形态特征信息。通过钻孔摄像获取的孔壁图像，可以直观完整地反映岩体结构及其破裂信息。

岩体破裂产生的裂隙，形态特征多种多样。在钻孔图像中，主要表现为不规则的带状曲线。不同的裂隙由于形态特征和物理特性的不同而呈现出一定的差异。这种差异主要体现在不规则曲线的颜色深浅、形态特征、宽度变化以及曲线周围的斑点和纹理特征。由于规则平面的裂隙在钻井孔壁上呈三维椭圆形状，而三维椭圆在二维图像上展开后就是一条正弦曲线[5]，如图 4-6 所示。因此，规则平面的裂隙在钻孔图像中是一条水平方向分布的标准正弦曲线，非规则平面的裂隙在钻孔图像中也近似于一条正弦曲线，在一定范围内可以当作类似的正弦曲线处理。于是，钻孔图像上的裂隙形态特征可以用正弦函数来表示。

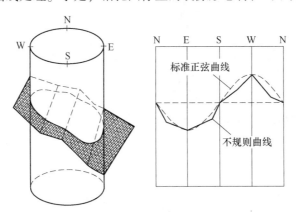

图 4-6　孔壁裂隙在钻孔图像中的成像关系

若以钻孔图像左上角为坐标原点，X 坐标水平向右依次增大，Y 坐标垂直向下依次增大，则岩体结构破裂裂隙，可以表示为如下通用函数：

$$y(x) = y_0 - A\sin(\omega x + \theta) \tag{4-11}$$

式中，y_0 为正弦函数的初始位置，对应于正弦函数中心位置在图像上的像素行数；ω 为正弦函数的角频率，等于 2π 与每行像素点数 N 的比值；A 为正弦曲线幅值，对应于裂隙的波峰波谷大小。

4.2.4.2 有关参数定义与说明

钻孔摄像测试技术是指沿钻孔的孔道，采用钻孔摄像设备对钻孔孔壁进行拍摄和观察，并通过影像资料观测孔壁上的岩石特征、结构面裂隙、孔洞缺陷及其位置、形式、尺寸、方位的一种原位测试技术。

钻孔图像是指利用钻孔摄像设备获得的孔内视频图像数据和钻孔孔壁平面展开图。一般泛指所有的孔内视频图像数据。

平面展开图是指采用钻孔摄像配套软件将孔内视频图像数据沿着钻孔壁360°圆柱面展开后形成的平面展开图像，也称为全景图像。

虚拟岩芯图是指利用图像处理技术，将平面展开图还原成真实的三维孔壁图像，其展示的效果接近于真实的三维岩芯照片。

孔内视频图像、平面展开图和虚拟岩芯图的实例图像如图4-7所示。

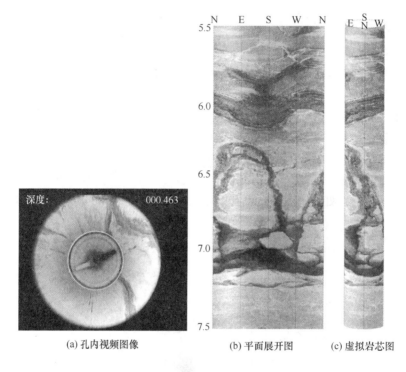

(a) 孔内视频图像　　　　(b) 平面展开图　　　(c) 虚拟岩芯图

彩色原图

图4-7　孔内视频图像、平面展开图和虚拟岩芯图

在图4-7（b）中，平面展开图是一幅包含一段完整（360°）钻孔孔壁的二维图像，就像孔壁沿北极方向被垂直地劈开，然后展开成平面。虚拟岩芯图为一幅三维图像，是通过回卷平面展开图而成的一个柱状体。当观测点位于该柱状体的外部时，所观测到的就是虚拟岩芯图。与平面展开图相比，虚拟岩芯图提供了关于空间形状和位置的更逼真的信息。另外，虚拟岩芯图也可以通过软件进行旋转，用以观测其他不能同时看到的孔壁部分。

裂隙是指岩体破裂产生的裂纹裂缝或结构面，是具有一定方向、力学强度相对较低、两向延伸且具有一定厚度的地质界面。如岩层层面、软弱夹层、各种成因的断裂、破碎裂纹等。裂隙的产状主要包含走向、倾向和倾角三个要素[6]，如图4-8所示。裂隙与水平面的交线称为走向线，裂隙沿倾斜向下引出的走向线的垂线称为倾斜线，倾斜线在水平面上的投影方位角称为裂隙的倾向，倾斜线与水平面的最大夹角称为裂隙的倾角。此外，裂隙的张开度/宽度或结构面上下表面之间的垂直距离也称为隙宽。裂隙的产状和隙宽是钻孔摄像技术能够直接获取的两组主要参数，也是进行钻孔摄像地质勘查的主要目的和意义。

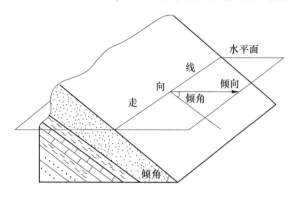

图 4-8　裂隙产状三要素（走向、倾向、倾角）

另外，在钻孔图像中裂隙可以用裂隙的深度或位置、裂隙最低点所对位置顺时针方向与正北方向的夹角（记为倾向 α）、裂隙与水平面的夹角（记为倾角 β）和隙宽 d 四个参数来描述。这些参数反映在钻孔图像上对应的是正弦曲线的坐标位置 Pos、相位 θ、幅值 A 和正弦曲线波峰波谷的波动范围。它们之间的转换关系分别如式（4-12）~ 式（4-15）所示，对应关系如图 4-9 所示。

$$Pos = k(j_0 + l_0) \tag{4-12}$$

$$\alpha \begin{cases} \theta + 270°, & 0° \leqslant \theta < 90° \\ \theta - 90°, & 90° \leqslant \theta < 360° \end{cases} \tag{4-13}$$

$$\beta = \arctan \frac{2kA}{D} \tag{4-14}$$

$$d = \frac{k\Delta}{\cos\beta} = \frac{k(j_{max} - j_{min})}{\cos\beta} \tag{4-15}$$

式（4-12）~ 式（4-15）中，j_0 为图像的起始行；l_0 为钻孔图像从整个钻孔图像中截取出来的初始扫描线位置；k 为钻孔图像深度方向的分辨率，即扫描线的线间距，为钻孔摄像

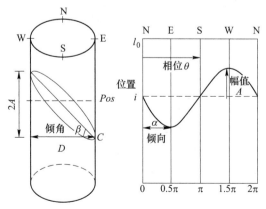

图 4-9　岩体结构几何参数与正弦函数的关系

设备参数，图 4-7 中 $k=2.0\text{mm}$，最新钻孔摄像设备的扫描线线间距 k 可以精确到 $0.1\text{mm}^{[7]}$；D 为钻孔孔径大小；裂隙在图像上对应的正弦曲线中心位置的最大偏移位置记为 $j_{\max}$、最小偏移位置记为 $j_{\min}$。

4.2.5 图像处理与图像分析技术

4.2.5.1 图像处理技术

图像处理技术是用计算机对数字图像进行分析，以达到所需结果的技术，又称影像处理。数字图像是指用工业相机、摄像机、扫描仪等设备经过拍摄得到的一个大的二维数组，该数组的元素称为像素。图像处理技术一般包括图像编码压缩、图像增强和复原、图像分割和识别三个部分。

图像编码压缩技术可减少描述图像的数据量，以便节省图像传输、处理时间和减少所占用的存储器容量。图像增强和复原的目的是提高图像的质量，如去除噪声、提高图像的清晰度等。图像增强不考虑图像降质的原因，突出图像中所感兴趣的部分。图像复原要求对图像降质的原因有一定的了解，一般讲应根据降质过程建立"降质模型"，再采用某种滤波方法，恢复或重建原来的图像。图像分割是将图像中有意义的特征部分提取出来，其有意义的特征有图像中的边缘、区域等，这是进一步进行图像识别、分析和理解的基础。目前，虽然已研究出不少边缘提取、区域分割的方法，但还没有一种普遍适用于各种图像的有效方法。因此，对图像分割和识别的研究还在不断深入之中，是目前图像处理中研究的热点之一。

4.2.5.2 图像分析技术

图像分析一般利用数学模型并结合图像处理的技术来分析底层特征和上层结构，从而提取具有一定智能性的信息。图像分析和图像处理关系密切，两者有一定程度的交叉，但是又有所不同。图像处理侧重于信号处理方面的研究，比如图像对比度的调节、图像编码、去噪以及各种滤波的研究。但是图像分析更侧重于研究图像的内容，包括但不局限于使用图像处理的各种技术，它更倾向于对图像内容的分析、解释和识别。图像分析基本上有如下四个过程：

（1）传感器输入：把实际物景转换为适合计算机处理的表达形式，对于三维物景也是把它转换成二维平面图像进行处理和分析。

（2）分割：从物景图像中分解出物体和它的组成部分。组成部分又由图像基元构成。一般可以把分割看成是一个决策过程，它的算法可分为像点技术和区域技术两类。像点技术是用阈值方法对各个像点进行分类，例如通过像点灰度和阈值的比较求出钻孔图像中裂隙的轮廓。区域技术是利用纹理、局部地区灰度对比度等特征检测出边界、线条、区域等，并用区域生长、合并、分解等技术求出图像的各个组成成分，例如裂隙轮廓的区域范围。

（3）识别：对图像中分割出来的物体给以相应的名称，如钻孔图像中的裂隙、空洞等。一般可以根据形状和灰度信息，用决策理论方法进行分类，也可以构造一系列已知物体的图像模型，把要识别的对象与各个图像模型进行匹配和比较。例如，采用正弦曲线模型来匹配钻孔图像中所有的结构面裂隙。

（4）解释：用启发式方法或人机交互技术，并结合识别方法来建立物景的分级构造，从而说明物景中有些什么物体，物体之间存在什么关系。在三维物景的情况下，可以利用物景的各种已知信息和物景中各个对象相互间的制约关系来进行解译。例如，从钻孔图像中的灰度阴影、纹理变化、裂隙表面轮廓线形状等推断出岩体破裂面的范围和走向。

4.3 钻孔摄像系统

钻孔摄像系统，又称为孔内电视、钻孔电视、钻孔成像仪、井下电视、井下成像仪、孔内摄像仪等。目前，市场上该类设备较多，应用最为广泛的为数字全景钻孔摄像系统。该系统从全景角度对孔内孔壁进行无扰动的原位摄像记录并加以分析。通过直接对钻孔孔壁进行摄像，避免了钻孔取芯的扰动影响，能够准确地探明孔壁的形态结构特征，详细地反映出岩体内部的岩层状态。钻孔摄像系统已广泛应用于水利、土木、能源、交通、采矿等各个领域的地质勘探、岩体破裂过程监测、工程安全监测及工程质量检测中。

4.3.1 系统组成

钻孔摄像系统设备随着科技的发展，由笨重复杂到轻便一体化，采集的信号也由原来的模拟信号磁带记录发展为数字信号采集，并直接由相应的图像处理软件进行处理，但设备主要组成和工作原理变化不大。下面以数字全景钻孔摄像系统为例进行说明。

4.3.1.1 一般系统组成

数字全景钻孔摄像系统一般主要由孔内成像探头（内置井下摄像头等）、定位装置（罗盘和深度测量装置）、数据采集控制箱（内置图像采集卡等控制面板）、专用电缆及绞车等部件组成，如图 4-10 所示。其中，孔内成像探头是该系统的关键设备。该探头集成探测照明用的光源、用于定位的罗盘以及微型摄像头。整个孔内成像探头采用了高压密封

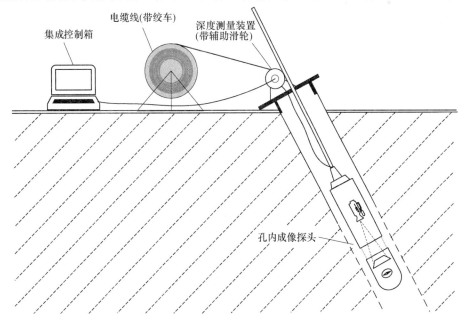

图 4-10　数字全景钻孔摄像系统示意图

技术，可以在深水中进行探测应用。深度编码器是该系统的定位装置之一，它由测量轮、光电转角编码器、深度信号采集板以及接口板组成。深度有两个作用：一是确定探头的准确位置；二是系统进行自动探测的控制量。该系统的软件部分主要包括数据采集部分和数据分析部分。该系统软件能够对录制完成的孔内视频进行图像数字化，完成对钻孔图像数据的存储和维护，并对全景钻孔图像进行分析，完成裂隙产状的识别和解译。

4.3.1.2　主要部件

A　孔内成像探头

钻孔摄像系统主要分为前视全景钻孔电视系统（简称前视系统）和侧壁式全景钻孔摄像系统两类（简称侧壁式系统），这两种系统的主要差别在于孔内成像探头中玻璃视窗的位置不同。前视全景钻孔电视系统的玻璃视窗位于前端，视野相对更开阔；而侧壁式全景钻孔摄像系统的玻璃视窗位于侧部，其全景成像可经过锥面镜等光学部件进行转换成像。前视系统探头和侧壁式系统探头的差别，如图4-11所示。

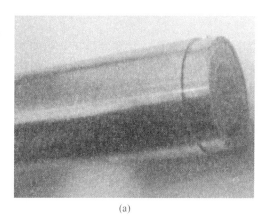 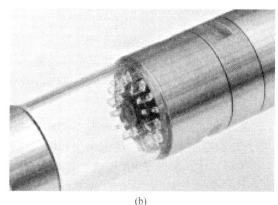

(a)　　　　　　　　　　　　　　　　　　(b)

图4-11　前视探头（a）和侧壁式探头（b）的差别

孔内成像探头中的摄像机和镜头是进行全景成像的关键器件。由于在钻孔内摄像的特殊条件，要求摄像机和镜头性能更高而且尺寸更小。

不同孔内摄像探头内部结构虽存在一定差异，但基本上都是圆柱管状样式。如图4-12所示，左边为无锥面镜的孔内成像探头，右边为有锥面镜的孔内成像探头。

在侧壁式全景钻孔摄像系统中，不同厂家孔内成像探头的内部结构也有很大差异，其主要区别在于是否含有可获得全景图像的截头锥面镜（图4-13），截头锥面镜主要用于对孔壁岩体结构的光学成像路径进行变换，从而形成全景图像。

孔内成像探头采用高压密封技术，具有防水功能。另外，深度测量轮和深度脉冲发生器是该设备的定位装置，用于测量探头所处的位置。

B　数据采集控制箱

随着现在电子技术的发展，电子设备越来越小型化和集成化。钻孔摄像系统的数据采集控制箱也越来越现代化。目前，集成控制箱采用低功耗嵌入式设计，系统稳定可靠，并且配套外置锂电池，独立供电，可有效防止测试过程中因电力中断导致的测试数据丢失，如图4-14所示。

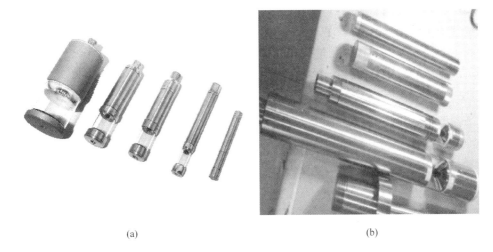

(a)

(b)

图 4-12 无锥面镜 (a) 和有锥面镜 (b) 的孔内成像

图 4-13 截头锥面镜

图 4-14 集成化控制箱和平板式控制系统

C　定位装置

定位装置是为全景图像提供空间坐标的关键设备。空间坐标可以用平面方位和深度表示，现场主要使用如下装置来测量这些数据：磁性罗盘（指南针）、电子罗盘、光电转角编码器、深度脉冲发生器等，如图4-15所示。

图4-15　指南针与深度编码器

钻孔摄像系统配套定位装置的基本工作流程如下：（1）专用电缆带动测量轮转动；（2）光电转角编码器按测量轮转动的角度产生相应的脉冲数；（3）控制面板记录这些脉冲数，并转换为数字量；（4）根据这些脉冲数和测量轮的直径，采集板中的软件计算出深度的绝对值；（5）将深度值转换为BCD码，通过RS232串行接口传送到接口板中；（6）根据深度值，计算实时速度，由控制该发生器面板上的显示灯显示。

D　专用线缆及绞车

钻孔摄像系统的线缆一般都是定制专用的，可以采用凯夫拉丝纤维加铜芯线复合线缆，抗拉强度大于500kg。这种复合线缆体积和质量大为减小，现场运输方便，如图4-16所示。

图4-16　专用线缆和绞车

E　其他辅助设备

在水平孔和倾斜孔中，一般需要使用推杆来推动孔内成像探头进入到孔内中，并配有孔口支架和三脚架等，如图4-17所示。

4.3.2　全景图像成像原理

在孔内成像探头中，全景图像的形成与获取是全景钻孔摄像探头的关键。若取一段钻

图 4-17 推杆和孔口支架

孔孔壁，视它为一段圆柱面，其平面半径为 r，高为 h。将该段圆柱面置于三维直角坐标系中，如图 4-18 所示。设位于该段圆柱面上的任意一点 $P(x, y, z)$，则满足：

$$x^2 + y^2 = r^2 \quad (0 \le z \le h) \tag{4-16}$$

令 P 点在 xy 平面上的投影与 x 轴的夹角为 α，则有如下公式：

$$\begin{cases} x = r\cos\alpha \\ y = r\sin\alpha \end{cases} \quad \alpha \in [0, 2\pi) \tag{4-17}$$

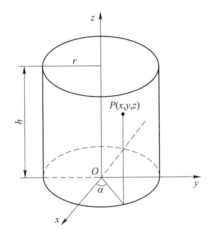

图 4-18 钻孔孔壁三维模型

于是，孔壁上任意一点均可用上述三维坐标系来表示。为了观察圆柱面，将截头的锥面镜放入圆柱面内，观察点位于锥面镜的上部，观察方向垂直向下，观察的图像是圆柱面的某一段图像经过锥面镜反射成像于其底部的某一平面或近似平面上的图像，该图像称为全景图像，如图 4-19（a）所示。

实现全景图像的方法就是采用截头的锥面镜。全景图像与圆柱面具有一一对应关系。圆柱面经过锥面镜变换后形成的全景图像呈圆环状。圆环的内圆表示该段圆柱面的顶面圆，圆环的外圆表示该段圆柱面的底面圆，沿着圆环的径向变化反映了圆柱面的轴向变化，即 z 方向变化，如图 4-19（b）所示。

在全景图像中设定极坐标系，极轴与 x 轴同向，圆环的内、外圆半径分别设为 r_1 和 r_2。

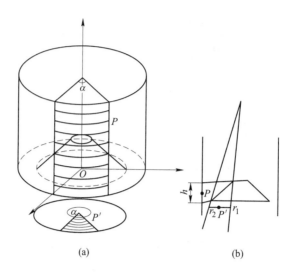

图 4-19　全景图像的形成示意图

若 P' 为 P 点经过变换后在全景图像中的点，它的极坐标设为（ρ'，α'），满足：

$$\begin{cases} r_1 \leqslant \rho' \leqslant r_2 \\ 0 \leqslant \alpha' \leqslant 2\pi \end{cases} \tag{4-18}$$

由锥面镜的变换关系如图 4-19（b）所示，则有下式成立：

$$\begin{cases} \alpha' = \alpha \\ \rho' = r_2 + (r_1 - r_2)\dfrac{z}{h} \end{cases} \tag{4-19}$$

即圆柱面上的任意一点 $P(x, y, z)$ 可以唯一确定全景图像上的点 $P'(\rho', \alpha')$。

反之，已知全景图像上的点 $P'(\rho', \alpha')$，则由式（4-19）可得：

$$\begin{cases} \alpha = \alpha' \\ z = \dfrac{\rho' - r_2}{r_1 - r_2}h \end{cases} \tag{4-20}$$

再由式（4-17）可得：

$$\begin{cases} x = r\cos\alpha' \\ y = r\sin\alpha' \\ z = \dfrac{\rho' - r_2}{r_1 - r_2}h \end{cases} \tag{4-21}$$

即全景图像上的任意一点 $P'(\rho', \alpha')$，可以唯一确定圆柱面上的点 $P(x, y, z)$。

4.3.3　钻孔孔壁成像过程

在数字光学成像设备中，数字全景钻孔摄像采用了一种特定的光学变换，即截头的锥面镜，实现了将 360°钻孔孔壁图像反射成为平面图像，如图 4-20 所示。由于钻孔呈圆柱状，这种全景图像不失其三维信息。定量地测量岩体结构相关信息，还可定性地揭示钻孔内的岩体破裂情况。

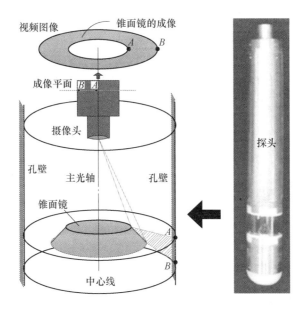

图 4-20 孔内成像探头及其光学成像过程示意图

全景图像可以被位于该锥面镜上部的摄像机拍摄。经过这种光学变换，形成的全景图像呈环形状，其发生了一定程度上的扭曲变化，不易被直接观测。因此，一种将全景图像还原成原钻孔形状的逆变换是必要的，这种逆变换可以通过计算机算法来实现。为此，首先需要数字化全景图像，建立原钻孔孔壁与全景图像的变换关系，然后开发相应的软件，通过该软件，实现全景图像到平面展开图或虚拟钻孔岩芯图的同步显示。图 4-21 显示了数字钻孔摄像系统孔壁成像与还原的对应关系图。除了逆变换算法外，系统软件还能提供对钻孔图像进行数字分析和图像处理的能力，从而准确地获得钻孔孔壁岩体结构特征信息，比如裂隙的产状和隙宽以及岩体破裂孔洞等其他损伤缺陷信息。

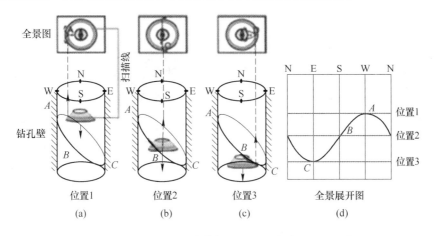

图 4-21 孔壁成像与还原的对应关系图

钻孔摄像技术实现过程基本如下：

（1）孔内成像探头进入钻孔；

（2）探头内的光源照亮孔壁上的摄像区域；

（3）孔壁图像经锥面镜变换后形成全景图像；

（4）全景图像与罗盘方位图像一并进入摄像机；

（5）摄像机将摄取的图像经专用电缆传输至位于地面的视频分配器中，一路进入录像机，记录探测的全过程，另一路进入计算机内的捕获卡中进行数字化；

（6）位于绞车上的测量轮实时测量探头所处的位置，并通过接口板将深度值置于计算机内的专用端口中；

（7）由深度值控制捕获卡的捕获方式；

（8）在连续捕获方式下，全景图像被快速地还原成平面展开图，并实时地显示出来，用于现场监测；

（9）在静止捕获方式下，全景图像被快速地存储起来，用于现场的快速分析和室内的统计分析；

（10）下降探头直至整个探测结束。

4.3.4　最新设备及其主要特点

以最新研制的数字式全景钻孔摄像系统为例，该系统是一套全新的先进智能型勘探设备，如图 4-22（a）所示。它集电子技术、视频技术、数字技术和计算机应用技术于一体，解决了钻孔内的工程地质信息采集问题，代表了钻孔摄像技术的发展方向。该系统采用了新颖的光学设计，创造性地实现了 360°孔壁的全景观察、数字量测、孔壁图像的计算机处理和地质资料的统计分析，形成了直观可视的孔壁 360°平面展开图和虚拟岩芯图。

最新全景钻孔摄像系统均有超高清数字摄像头、耐高温 120℃、测孔深度可达 2000m，比如另外一种同样广泛使用的超高清全智能孔内电视，其硬件组成部分如图 4-22（b）所示。该系统采用先进的图像采集与处理技术，系统集成度高，内存大，能够自动生成孔内全景钻孔图像、自动生成电子岩芯图，图像清晰，广泛应用于各种垂直孔、水平孔、倾斜孔、俯仰角孔的测试。

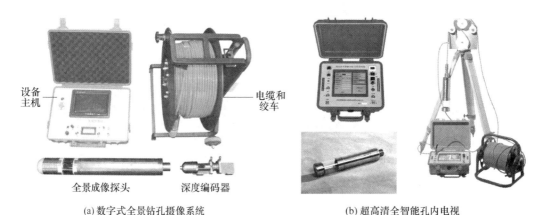

设备主机　　　电缆和绞车

全景成像探头　　　深度编码器

(a) 数字式全景钻孔摄像系统　　　　　　　　(b) 超高清全智能孔内电视

图 4-22　两种代表性的钻孔摄像系统

数字式全景钻孔摄像系统的软件处理系统如图 4-23 所示。

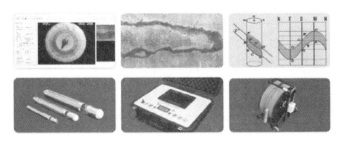

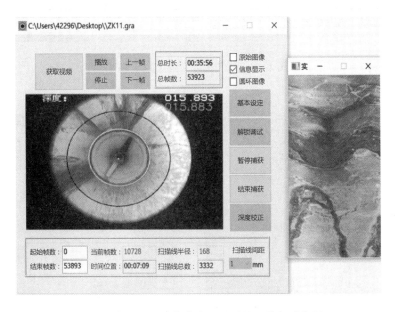

彩色原图

图 4-23　全景钻孔图像信息处理系统和数据采集界面

最新钻孔摄像系统普遍存在如下特点：

（1）适用范围广泛。不仅可用于各种方向的钻孔，如垂直、倾斜、水平钻孔等，而且对钻孔孔径要求不是非常严格，可以适应多种大小孔径的钻孔。

（2）智能化、轻量化。系统稳定可靠，并且设备体积小、质量轻、携带方便、操作简单，只需进行简单链接便可直接进行操作。

（3）全景探头耐高温高压。密封强度可抗压 30MPa。

（4）数据自校正功能。根据钻孔直径、走向、俯仰角以及磁偏角等数据，自动进行校准，保证测试结果准确可靠。

（5）实时监测与控制。可获取钻孔壁 360°影像数据，该影像数据通常包含了环状孔壁影像、深度信息和方位信息。

广泛使用的最新钻孔摄像系统实测效果如图 4-24 所示，在工程应用过程中获得的典型岩体破裂结构如图 4-25 所示。

彩色原图

图 4-24　钻孔摄像系统实测效果图

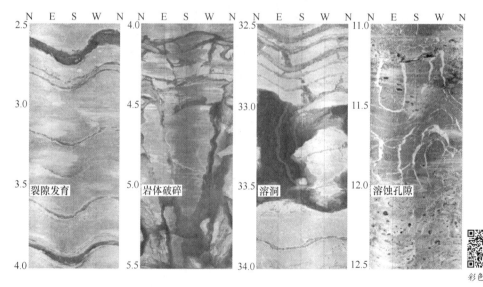

彩色原图

图 4-25　典型岩体破裂结构

4.4　孔内视频图像分析技术

数字全景钻孔摄像系统可以实时地获取到孔内岩体结构形态的真实图像，所得全景钻孔图像可以快速有效地反映孔内岩体结构形态特征[10]。因此，对钻孔摄像系统内原始视频图像进行拼接融合并转化为高质量全景钻孔图像是孔内视频图像分析的重点内容。

4.4.1 孔内视频图像特征

钻孔摄像系统中的探头在钻孔内拍摄过程中，微型摄像机接收的是钻孔壁面的反射光线，不同的岩石或充填物对入射光线造成不同的反射效果，使裂隙在图像中的明暗程度不同。若孔壁入射光线在裂隙处的反射性较好，则获得的钻孔图像就接近孔壁的真实情况；若孔壁入射光线在此处发生漫反射，反射性较差，则获得的图像偏暗且较为模糊；若孔壁入射光线经过此处时无光线反射回微型 CCD 摄像机，则获得的钻孔图像为黑区。其中一帧实测孔内视频图像如图 4-26 所示。该图为钻孔摄像系统在川藏铁路大渡河特大桥段某个钻孔中获得的一帧视频图像，图中孔内岩体破裂情况清晰可见。

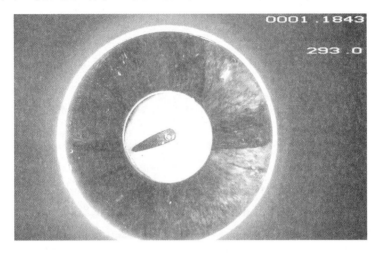

彩色原图

图 4-26　实测钻孔中获取的一帧孔内视频图像

由原始的孔内视频图像，经过分析处理后可转化为全景钻孔图像。该类图像同样是孔内孔壁岩体结构的间接反映，是岩体结构受到光照之后反射到孔内成像探头上的成像结果，故孔壁岩体结构决定了钻孔图像色彩深度的组成[11]。因此，全景钻孔图像由两部分组成，一部分为岩石，另一部分为裂隙等其他岩体结构成分。由于岩石固有属性的差异，导致不同岩石不同矿物颗粒在图像上颜色存在一定的差异。通常而言，深色岩石（煌斑岩）或矿物（黑云母、角闪石和辉石等）吸光性强反光性差，图像较为暗淡；浅色岩石或矿物（长石、石英和白云母）吸光性差反光性强，图像较为明亮。例如，岩体中的裂隙、孔洞往往表现为暗黑色带状曲线或不规则区域。因此，岩体破裂所产生的裂隙在钻孔图像中是相对突出较为醒目的，如图 4-27 所示。

4.4.2 钻孔图像拼接技术

数字全景钻孔摄像系统采用截头的锥面镜，利用特定的光学变换实现了将 360°钻孔孔壁图像反射成为平面图像。经过这种光学变换，形成环状的发生扭曲变化的全景图像。该原始图像不便于直接观测，缺乏直观性，需要进一步转化修正。孔内视频图像在转换为全景钻孔图像的过程中，主要表现出如下特征和技术问题[8]：

（1）孔壁岩体结构的成像特征是由近至远的圆环形状，如图 4-26 所示。

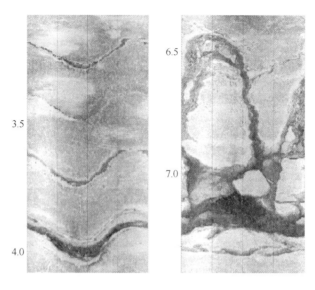

彩色原图

图 4-27　钻孔图像中岩体裂隙特征

（2）孔内成像探头行进过程中，孔壁结构由近至远依次连续成像，视频中的图像存在圆环变形与交错重叠部分。

（3）因钻孔倾斜、线缆缠绕或探头自重的影响，孔内成像探头会发生不可避免的旋转和抖动等偶然事件，从而导致孔内视频图像数据发生旋转和变形。

（4）由于摄像头记录的视频图像本身具有绝对的连续性和固有图像特征，因此，如何通过该连续性和固有特征来更加准确记录或修正钻孔图像中岩体破裂的方位和深度信息，并利用原始孔内视频图像来进行全景图像的拼接融合是一个非常关键的问题，也是提高钻孔图像质量和进行后续分析的基础。

根据上述视频图像特征和技术问题，采用以下步骤进行孔内视频图像的拼接融合。首先，利用钻孔摄像系统获取原始的孔内视频图像、解析视频并获得每帧的窄带状图像；然后，进行图像特征检测与匹配，并根据实际的方位角数据和深度数据进一步确定或修正每帧图像的实际宽度偏移和实际高度偏移，继而确定最终每帧窄带状图像的像素偏移量，从而对窄带状图像进行融合拼接，最终形成实测的全景钻孔图像。该过程的主要步骤如图 4-28 所示。

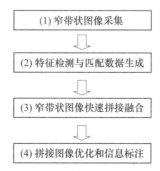

图 4-28　孔内视频图像拼接融合的主要步骤

（1）窄带状图像采集。针对孔内全景视频，首先利用霍夫圆检测方法来自动识别钻孔图像的中心和孔壁圆环图像的最大最小半径，自动识别视频图像中指南针或电子罗盘的方位角数据信息和深度编码器的实时深度信息；接着，根据实际情况自动调整钻孔图像中心 $O(x, y)$ 和孔壁成像环的内外半径 R_{max} 和 R_{min}，如图 4-29 所示。图中的孔内全景视频为 200 万高清钻孔摄像设备所录制。

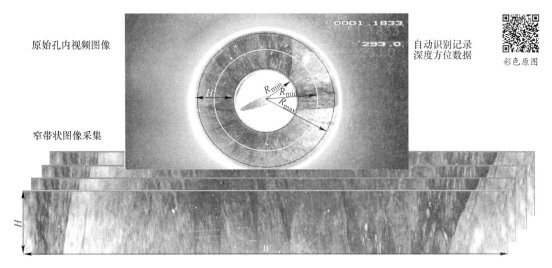

图 4-29　孔内视频图像及其形成的窄带状图像

　　针对内外半径 R_{max} 和 R_{min} 范围内的环状图像，为了保证即将生成的窄带状图像尽量最大有效，故设置钻孔孔壁环状图像的有效范围为 $H = R_{max} - R_{min}$，也就是即将生成的窄带状图像的高度。设置孔壁环状图像中间位置圆环所对应的像素数为 $W = \pi(R_{max} + R_{min})$，并作为环状图像中每一环的采用点数，也就是即将生成的窄带状图像的宽度。

　　据此，孔内视频中的每一帧孔壁环状图像内，均以钻孔图像中心 $O(x, y)$ 为圆心，从半径 R_{min} 处和每一帧方位角处开始，每一圆环采集 W 个像素点，直到半径 R_{max} 处，进而形成宽度为 W、高度为 H 的窄带状图像，并保存该窄带状图像和对应的方位角数据数值及深度数值。以此类推，从孔内全景录像视频中的第一帧视频图像开始，每一帧视频图像形成一张宽度为 W、高度为 H 的窄带状图像，直到钻孔壁视频图像结束。

　　（2）特征检测与匹配数据生成。钻孔孔壁图像本身具有如下特征：每一帧视频图像形成的窄带状图像比较窄；孔壁岩石大部分区域基本相同；大部分区域基本上无特别的角点拐点，并且图像噪声非常严重；孔内孔壁水流、沙石、泥浆等杂物形成的干扰信号也比较强烈。因此，窄带状孔壁图像的特征检测与匹配的干扰性较大，可靠性也一般。

　　于是，可采用相邻两帧窄带状图像的差值图像来进行图像特征检测和匹配。图像特征检测的基本原理是根据视觉图像特征尺度不变性特征进行的。常用的特征检测算子有 SIFT、SURF、ORB、FAST 和 Harris 等。为了兼顾图像特征检测与特征匹配的准确性和时效性，可采用 SURF 算子来检测匹配窄带状图像中的特征点。因此，每一帧图像都可以快速地检测多个特征点，并建立与下一帧窄带状图像的匹配对应关系，如图 4-30 所示。

　　从图 4-30 中的特征点匹配的效果来看，部分匹配的效果存在偏差，因此需要进一步

彩色原图

图4-30   相邻两帧差值图像的特征检测结果

筛选匹配点，故可采用了Lowe's等算法来进一步获取最优匹配点。因此，每一帧窄带状图像均可得到上一帧图像与下一帧图像之间的最优匹配点以及相邻两帧窄带状图像之间的相对偏移量 $D_{i+1}(\Delta x_i, \Delta y_i)$。其中，一对相邻两帧窄带状图像的特征检测与最终匹配结果如图4-31所示。

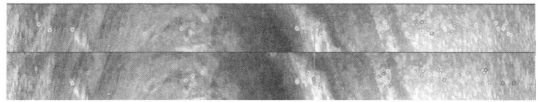

彩色原图

图4-31   相邻两帧窄带状图像的特征检测与最终匹配结果

（3）窄带状图像快速拼接融合。根据步骤（2）得到的相邻两帧窄带状图像的相对偏移量 $D_{i+1}(\Delta x_i, \Delta y_i)$ 来进行图像快速拼接融合，该过程的原理图如图4-32所示。其中 $\Delta x_i = x_{i+1} - x_i$ 意味着下一帧窄带状图像相对于上一帧图像向右偏移了 Δx_i 个像素坐标位置，$\Delta y_i = y_{i+1} - y_i$ 意味着下一帧窄带状图像相对于上一帧图像向下行走了 Δy_i 个像素坐标位置。需要注意的是偏移量 $D_{i+1}(\Delta x_i, \Delta y_i)$ 需要根据深度方位数据进行自适应修正，从而使最终得到的拼接图像精确可靠。

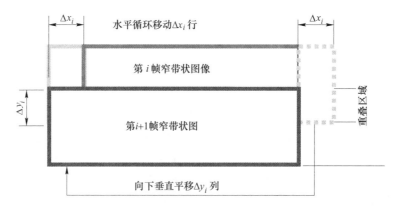

彩色原图

图4-32   相邻两帧窄带状图像拼接过程原理图

由于光照色差和探头抖动等原因，两帧窄带状图像交界处的拼接并不自然。因此，需要图像融合方法来解决这种不自然。这里可采用加权融合方法，使在重叠部分由前一幅图像慢慢过渡到第二幅图像，即将图像的重叠区域的像素值按一定的权值相加合成新的图像。其中一段初始拼接图像在进行图像融合前后的对比图如图4-33所示。

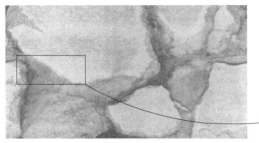

(a) 原始拼接图像

(b) 分图(a)中部分放大后图像

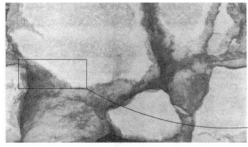

(c) 数据融合后的拼接图像

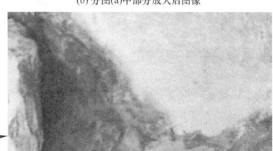

(d) 分图(c)中部分放大后图像

图4-33 初始拼接图像与图像拼接融合前后的对比图及其局部放大对比图

彩色原图

由图4-33可知，钻孔图像快速拼接融合的方法较好地还原了孔壁岩体结构破裂情况。另外，在这个图像快速连续拼接融合的过程中，由于钻孔较深，视频图像数据很长很大，为了防止生成的图像过长而无法保存或出现故障等问题，故可以固定长度 L（一般 $L=2m$）来进行自动保存。

（4）拼接图像优化和信息标注。针对步骤（3）形成的拼接融合图像，首先利用图像增强等图像分析处理方法来进行每张图像的灰度拉伸与细节增强，用以凸显出钻孔图像中岩体裂隙等信息。然后，根据每张拼接图像中保留的方位角数据信息和深度信息数据，对优化的拼接图像进行深度刻度标注和图像方位东南西北（N-E-S-W-N）的标识，并自动生成钻孔图像平面展开图。最后，根据东南西北方位角信息，分别以正东、正南、正西、正北四个方向生成三维虚拟岩芯图，也就是三维孔壁柱状图，如图4-34所示。为了方便工程应用，可以按照一定的长宽比对拼接融合图像进行像素转化，使图像更加方便观看理解且符合审美观。

4.4.3 裂隙自动识别技术

随着计算机技术和图像处理技术的发展，全景钻孔图像分析处理与应用技术也得到了进一步发展。其中，钻孔图像中岩体破裂特征的自动识别与统计分析显得尤为重要[9]。岩体破裂特征的主要表现为裂隙产状，故钻孔图像中裂隙的统计分析可采用基于聚类投影和

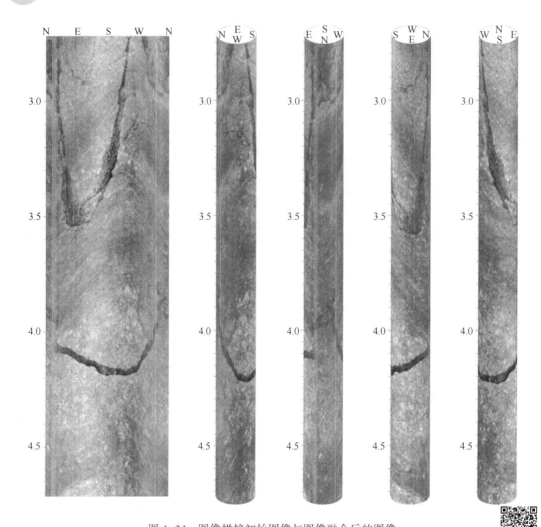

图 4-34　图像拼接初始图像与图像融合后的图像

彩色原图

特征函数的自动识别方法。该方法的主要思想分两步：首先利用聚类投影的思想来进行全孔裂隙区域的智能划分，把全孔图像按照裂隙所在区域特征进行小段划分。然后，再针对小段图像内的裂隙，采用特征函数，如正弦函数来不断地迭代匹配，并筛选出裂隙的最佳曲线。最后，进行统计分析，从而实现裂隙的自动识别与参数提取，如图 4-35 所示。

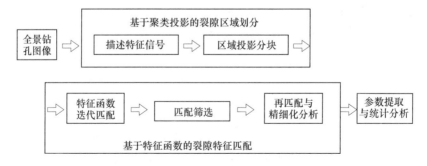

图 4-35　裂隙自动识别方法的示意图

4.4.3.1　基于聚类投影的裂隙区域划分

聚类分析是指事先不了解一批样品中的每一个样品的类别或者其他的先验知识,而唯一的分类依据是样品的特征(比如钻孔图像中裂隙都近似于正弦曲线),利用某种相似性度量的方法(比如层次聚类算法中的最短距离法),把相同或者相近的特征归为一类(比如当钻孔图像沿着深度方向纵向投影之后,同一个裂隙的特征点相对集中在同一个距离较短的区域内,这个区域内的所有特征点就可以归为一类),从而实现聚类划分。据此思想,也就可以实现全景钻孔图像中裂隙区域的整体划分。

在全景钻孔图像中,裂隙表现为类似正弦曲线状的黑色曲线带,并且相对连续、颜色相对明显突出,如图 4-27 所示。这些组成裂隙正弦曲线带的像素点记为特征点。这些特征点在钻孔图像深度方向的投影当中相对集中。在全景钻孔图像中,相对独立的裂隙,这些特征点分布也相对集中。为了更好地进一步凸显这些特征,避免被其他无关点覆盖,可采用每行像素点的最小灰度值和最大梯度值来表征每行像素点灰度信息。

因此,为了更好地描述裂隙曲线带的灰度值信息,把图像中每一行的最小值灰度值记为 $\mathrm{Min}V(i)$,最大值灰度值记为 $\mathrm{Max}V(i)$。同样把每一行的最大梯度值记为 $\mathrm{Max}G(i)$,然后加权合并为一个特征值 $\mathrm{Com}S(i)$。该特征值 $\mathrm{Com}S(i)$ 代表了第 i 行所有像素点的特征值,并记录了每一行特征值随着行数的变化情况。$\mathrm{Com}S(i)$ 可采用式(4-22)进行计算,式中 λ 为加权值。

$$\mathrm{Com}S(j) = \mathrm{Max}V(j) - \mathrm{Min}V(j) + \lambda \mathrm{Max}G(j) \quad (\lambda \geqslant 1) \tag{4-22}$$

由此可知,每一行的特征值 $\mathrm{Com}S(i)$ 信号可以描述全景钻孔图像中裂隙所在区域的极值情况,有效地表达全景钻孔图像裂隙特征,凸显了全景钻孔图像中的裂隙区域的纵向分布特征,如图 4-36 所示。据此,可以把整个钻孔图像中的所有裂隙根据区域位置的分布情况进行有效划分,从而实现把整个图像分为很多个相对独立的小段图像块,实现钻孔图像中裂隙区域的智能划分。

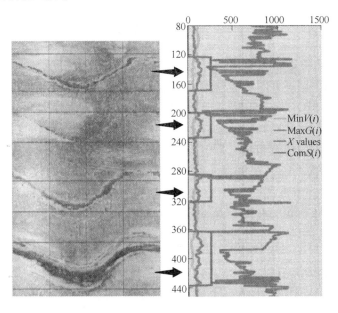

图 4-36　裂隙自动识别方法的示意图

彩色原图

于是，运用以上思路，将钻孔图像进行裂隙区域划分。其中一段全景钻孔图像的区域划分情况如图 4-37（a）和（b）所示。该图 4-37（a）和（b）较好地展示了钻孔图像裂隙所在区域的划分效果与应用价值。

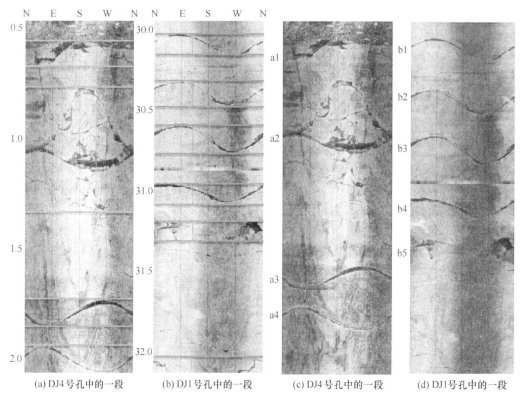

(a) DJ4 号孔中的一段　　(b) DJ1 号孔中的一段　　(c) DJ4 号孔中的一段　　(d) DJ1 号孔中的一段

图 4-37　钻孔图像裂隙的区域划分和匹配筛选

彩色原图

4.4.3.2　基于特征函数的裂隙特征匹配

由于钻孔图像平面展开图中的裂隙是一条类似于正弦曲线的特征曲线，故可采用正弦曲线作为特征函数，然后依次改变特征函数的参数，也就是改变正弦函数的位置、相位和幅值来依次迭代匹配钻孔图像中的裂隙。即把每行都作为正弦函数的初始位置，在该位置上依次改变正弦函数的幅值和相位大小，依次统计分析每次改变正弦曲线所经过位置像素点特征值总和的情况，选择灰度值总和最小或最大的正弦曲线作为该位置裂隙的特征曲线。

采用的特征函数如式（4-23）所示：

$$y(x) = y_0 - \frac{D}{2}\tan\beta\sin\left(x\frac{2\pi}{W} + \alpha\right) \tag{4-23}$$

式中，y_0 为正弦函数的初始位置，以单位行距依次递增递减；D 为钻孔孔径的直径大小；α 为裂隙的倾向；β 为裂隙的倾角；W 为全景钻孔图像展开图的宽度。针对具体的工程情况，钻孔孔径 D 和图像宽度 W 一般为已知的常数。其中，（$D/2\times\tan\beta$）构成了正弦函数的幅值，裂隙倾角 β 从 0°到 90°依次单位角度递增递减。另外，裂隙倾向 α 也构成了正弦函数的相位角，倾向 α 从 0°到 360°依次单位角度递增递减，从而实现正弦曲线所有情况的迭代匹配。

在实践工程中，钻孔图像像素点特征值的计算方法可以用该点的极值（或相反值）与横向和纵向的梯度和来表示，其计算公式可设计为：

$$g(i, j) = 255 - f(i, j) + |f(i + 1, j) - f(i - 1, j)| + |f(i, j + 1) - f(i, j - 1)|$$

$$(4-24)$$

式中，$f(i, j)$ 表示原始图像中像素点在 (i, j) 处的灰度值；$g(i, j)$ 表示像素点 (i, j) 的灰度值经过运算之后的特征值。该像素点的特征值用于判定该像素点是否在裂隙上，像素点特征值的总和用于判断某个条件下的正弦曲线是否最优。特征值 $g(i, j)$ 的确定是利用特征函数进行裂隙参数匹配的关键，也是式（4-22）进行决策的依据。

因此，利用特征函数进行匹配筛选的主要步骤为：首先，根据上述钻孔图像区域划分结果，从每个裂隙区域第一行位置开始，依次增加相位幅值所对应的倾向（0°~360°）和倾角（0°~90°），统计分析对应的每个正弦曲线所经过的像素点特征值总和；然后，选择特征值总和最大的正弦曲线作为该行可能存在的裂隙正弦曲线，并进行下一行的同样操作；最后，从所有行的可能正弦曲线中再选择一条或者多条最优的正弦曲线作为该区域裂隙的特征曲线，如此反复直到处理所有的裂隙区域。根据图 4-37（a）和（b）的裂隙区域划分结果，在此基础上进行裂隙正弦曲线匹配的结果如图 4-37（c）和（d）所示。

由图 4-37（c）和（d）可知，在分块区域内，每一个区域都找到了一个匹配个数最多的正弦曲线。很明显，在这些正弦曲线中，最符合裂隙的特征曲线就在其中，匹配点数最大的地方很可能是裂隙的中心位置。在最大值附近，匹配点数变化最快的地方很可能就是裂隙的边界区域。据此可以筛选出最适合的正弦曲线来代表当前的裂隙。

另外，当在每一个划分区域找到一条或多条特定加权匹配点数最多的正弦曲线时，选取该正弦曲线作为最优正弦曲线，并作为该区域匹配到的裂隙特征曲线。最后，可以根据最优正弦曲线的位置计算对应裂隙所在的深度；根据最优正弦曲线的相位角计算对应裂隙的倾向；根据最优正弦曲线的幅值计算对应裂隙的倾角；然后上下平移该最优正弦曲线，直至特定加权匹配点数为零时，得出该最优正弦曲线的上下平移距离之和，再根据像素距离计算平均值，得出该区域裂隙的平均宽度，即隙宽。根据以上方法进行钻孔图像自动识别，并进行参数的统计分析，其中，图 4-37（c）和（d）中的裂隙参数自动识别结果如表 4-2 所示。

表 4-2　图 4-37 中裂隙参数自动识别结果

序号	深度/m	倾向/(°)	倾角/(°)	隙宽/mm
a1	-0.618	155	44	9.1
a2	-1.083	315	42	10.5
a3	-1.782	100	46	8.3
a4	-1.994	282	46	6.6
b1	-30.072	275	49	6.2
b2	-30.396	287	53	7.4

序号	深度/m	倾向/(°)	倾角/(°)	隙宽/mm
b3	−30.675	279	58	8.1
b4	−31.015	301	44	9.7
b5	−31.256	276	42	6.5

表 4-2 是图 4-37（c）和（d）利用全景钻孔图像自动识别技术识别之后的结果图。为了展示自动识别方法的识别效果，在图 4-37（a）和（b）中特意划出裂隙区域划分的判定线，并在每个区域内都找到了一条最适合岩体裂隙特征的正弦曲线，如图 4-37（c）和（d）所示。由图中可知，自动识别的正弦曲线与岩体裂隙吻合较好，符合工程实践情况。

在全景钻孔图像自动识别的过程中，数字式全景钻孔系统的软件系统可以一次性全自动识别出整个全景钻孔图像中所有裂隙，并可以得到每个裂隙位置、倾向、倾角和隙宽等重要参数。

4.4.4　跨孔图像数据联合分析方法

数字钻孔摄像技术应用至今，对单个钻孔裂隙进行的统计分析研究已较为深入。然而，在实际工程中，为查清某个区域的地质状况，常常需要进行多孔钻探。为了了解多个钻孔之间岩体裂隙的连通性和相关性，就必须综合这些多孔钻探资料进行统计分析和相关性分析[10]。

4.4.4.1　钻孔间岩体裂隙的延展性

针对某个裂隙，判断该裂隙是否延展到其他区域或是否也存在相邻钻孔上，该问题研究的关键是判断两两相邻钻孔图像中的裂隙是否对应连通或属于不同裂隙。因此，在单独分析每个钻孔图像后，必须根据钻孔内不同倾向、不同倾角、不同位置和不同环境等，对所获取的众多裂隙数据进行正确的筛选和剔除，以便在相邻钻孔中找到与之对应的裂隙，并形成地层结构剖面。

分析钻孔间岩体裂隙的空间延展性时，做以下基本假定：

（1）钻孔图像中反映的裂隙基本上是Ⅳ或Ⅴ级裂隙，宽度一般从微裂隙（小于 1mm）至宽裂隙（100mm 左右）；

（2）延展性分析时，裂隙均假设为平面；

（3）钻孔均为竖直方向，直径相同。

对于实际工程中可能存在的偏差，之后还将进一步做不确定分析。图 4-38 为相邻两钻孔之间的连通裂隙示意图。两竖直钻孔 A 和 B 孔口坐标分别为（x_1, y_1, z_1）和（x_2, y_2, z_2），孔深为 h_1 和 h_2。设钻孔 A 中第 i 条裂隙 n（$i = 1$, 2, $\cdots$, N, N 为正整数），倾向 α_i，倾角 β_i，单位法矢量为 n_i，与钻孔 A 交于点 P（x_1, y_1, $z_1 + l_i$）。则有：

$$\overline{n_i} = \{\sin\beta_i \sin\alpha_i,\ \sin\beta_i \cos\alpha_i,\ \cos\beta_i\} \tag{4-25}$$

设 $\beta_i \neq \pi/2$，此时裂隙 n_i 与钻孔 A 斜交。若裂隙 n_i 无限延伸，则必与钻孔 B 的轴线相交，设交点为 Q（x_2, y_2, z_Q）。对于向量 $\overline{PQ} \subset n_i$，有：

$$\overline{n_i} \cdot \overline{PQ} = 0 \tag{4-26}$$

即 $\sin\beta_i \sin\alpha_i (x_2 - x_1) + \sin\beta_i \cos\alpha_i (y_2 - y_1) + \cos\beta_i (z_Q - z_1 - l_i) = 0$。

由此可得：

$$z_Q = z_1 + l_i - \tan\beta_i [(x_2 - x_1)\sin\alpha_i + (y_2 - y_1)\cos\alpha_i] \tag{4-27}$$

若裂隙 n_i 与钻孔 B 相交，则有：

$$z_2 \leqslant z_Q \leqslant z_2 + h_2 \tag{4-28}$$

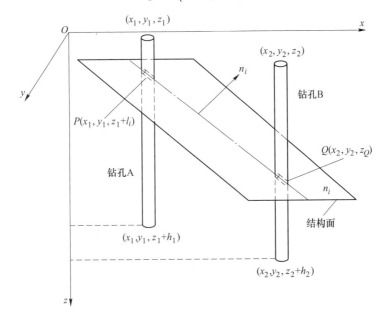

图 4-38　钻孔间联通裂隙示意图

以上是钻孔 A 中的裂隙 n_i 与钻孔 B 相交时的情形。同理，钻孔 B 中的裂隙 m_j （$j = 1$，2，…，N）与钻孔 A 相交时，有：

$$z_Q' = z_2 + l_j - \tan\varphi_j [(x_1 - x_2)\sin\phi_j + (y_1 - y_2)\cos\phi_j] \tag{4-29}$$

式中，z_Q' 为钻孔 B 中裂隙与钻孔 A 交点 Q 的 z 轴坐标值；l_j 为钻孔 B 中第 j 条裂隙 m_j 的深度；φ_j 为裂隙 m_j 的倾向；ϕ_j 为裂隙 m_j 的倾角。同理，若裂隙 m_j 与钻孔 A 相交，则有：

$$z_1 \leqslant z_Q' \leqslant z_1 + h_1 \tag{4-30}$$

通过上述分析，钻孔 A 中某裂隙 n_i 是否与钻孔 B 中某裂隙相连通，必须通过式（4-28）和式（4-30）来验证。通过剔除不符合产状要求的数据，可以得到符合连通性要求的一组裂隙。

4.4.4.2　两两钻孔岩体裂隙的深度位置相关性

上面分析了钻孔内某裂隙在探测区域的空间延展性，通过计算得出对应在另一个钻孔中该裂隙的位置深度。然而，在该位置深度附近可能有较多的裂隙，要搜索最有可能的同一连通裂隙，就要对两两钻孔间岩体裂隙进行相关性分析。所谓两两钻孔间岩体裂隙的相关性分析，指的是对钻探区域内两两相邻钻孔内的数字钻孔图像进行裂隙深度位置、裂隙两侧岩性、裂隙形态及充填情况等方面相关性的比较，以确定两两钻孔岩体裂隙的对应关系。

图 4-39 给出了裂隙深度位置相关性图。已知在钻孔 A 中深度 l_i 处存在裂隙 n_i，交钻孔 A 于点 P。根据式（4-27）对其进行延展性计算，求出对应于钻孔 B 中的点 Q。在实际探测工作中，由于数字钻孔摄像系统、钻探位置和角度等存在一定的误差，势必造成点 Q 的深度位置也有一定的偏差，故而在点 Q 计算值上下一定偏差值 δ 范围内的裂隙都有可能是点 P 处裂隙 n_i 的同一延展面，设这些初步筛选出来的裂隙集合为 D，则有：

$$\begin{cases} f: P \to Q \\ \boldsymbol{D} = \{Q_k, \ Q_{k+1}, \ \cdots, \ Q_j \,|\, Q_j \in \overline{Q_tQ_b}\} \end{cases} \tag{4-31}$$

式中，$f: P \to Q$ 为从点 P 到点 Q 的映射，符合裂隙 n_i 的延展性函数；$\boldsymbol{D}$ 为钻孔 B 上映射点 Q 在一定偏差值 δ 范围内所有的待选裂隙的集合；$Q_j \in \overline{Q_tQ_b}$ 表示待选裂隙 Q_j 位置介于线段 $\overline{Q_tQ_b}$ 之间。

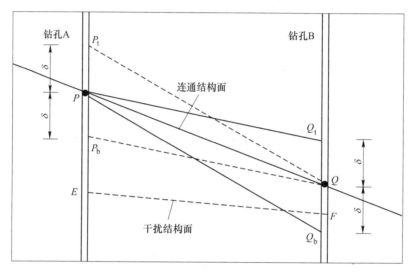

图 4-39　裂隙深度位置相关性图

设 Q_j 与映射点 Q 的偏差值为 δ_j。同理，对于钻孔 B 中待选裂隙的集合 $\boldsymbol{D}$ 中某裂隙 m_j 同样可以在钻孔 A 中找到其映射点 P 的偏差值为 δ_i。故裂隙深度位置的相关性公式可以定义为：

$$\begin{cases} K(n_i, \ m_j) = \sqrt{\left(1 - \dfrac{|\delta_i|}{\delta}\right)\left(1 - \dfrac{|\delta_j|}{\delta}\right)} & (|\delta_i| \geqslant 0, \ |\delta_j| \leqslant \delta) \\ K(n_i, \ m_j) = 0 & (|\delta_i| \geqslant \delta \text{ 或 } |\delta_j| \geqslant \delta) \end{cases} \tag{4-32}$$

需要说明的是，$K(n_i, \ m_j)$ 值域为 $[0, 1]$。当 $0 < K(n_i, \ m_j) \leqslant 1$ 时，称两钻孔内裂隙 n_i 和 m_j 位置关系具有连通性。$K(n_i, \ m_j)$ 值越高，其结构连通的相关性越好。而当 $K(n_i, \ m_j) = 0$ 时，称两钻孔内裂隙 n_i 和 m_j 位置关系不具有连通性。此时，称裂隙 n_i 为裂隙 m_j 的干扰裂隙，或当 $\delta_j \geqslant \delta$，称裂隙 m_j 为裂隙 n_i 的干扰裂隙。如图 4-39 所示，裂隙 F 虽然处于点 P 在钻孔 B 所涵盖的映射区域 $\overline{Q_tQ_b}$ 内，但其反映射位置 E 却不在钻孔 A 所涵盖的映射区域 $\overline{P_tP_b}$ 内，所以裂隙 F 称为裂隙 P 的干扰裂隙，应该予以剔除。

通过两两钻孔裂隙深度位置的相关性，可以确定其中一个钻孔内某裂隙在另一钻孔内可能对应的裂隙，然后再通过对钻探区域内两两相邻钻孔内的数字钻孔图像进行裂隙深度位置、裂隙两侧岩性、裂隙形态及充填情况等方面的比较分析，则可以进一步确定两两钻孔裂隙的连通性。数字钻孔图像能够反映出裂隙两侧的岩性，判断岩性的方法主要是对岩石颜色、纹理特征、岩石颗粒的大小和排列方式等进行分析。另外，裂隙中存在的充填物，好比"示踪液"分析地下裂隙的连通性一样，起到了示踪的作用，可以进一步确定裂隙的相关性和连通性。

4.5　岩体破裂监测工程应用实例

钻孔摄像技术已经广泛地应用于岩土工程监测、地质工程勘察等领域。在大多数的实际工程应用中，这种技术通过对钻孔孔壁的直接观测和原位监测分析，从而弥补了声发射、微震、声波、地质雷达等其他地质勘查方式的不足。

以 3.5.3 节中介绍的锦屏深埋隧道为例。针对隧洞开挖过程中遇到的岩体破裂损伤问题，首先自辅助洞向试验支洞方向打水平导向的钻孔；然后利用数字钻孔摄像技术直接观测钻孔的内部结构形态，并对开挖前后岩体裂隙进行数字钻孔摄像测试，并定期监测钻爆开挖扰动下深埋隧洞岩体破裂；最后，综合对比分析各试验洞的监测结果，结合数字钻孔摄像图像数据研究岩体破裂损伤形成特点及其演化规律[11,12]。

数字钻孔摄像现场测试情况如图 4-40 所示。测试步骤如下：

（1）现场钻孔和洗孔。按照操作规范和钻孔测试目的，现场工地钻探成孔后，投入明矾或不断使用清水随钻机冲水洗孔，使钻孔孔壁清晰干净。使用钻机循环洗孔的过程中，注意观测出水情况，待出水由浑浊变清后，再持续一段时间方可停止清洗；静置 2h 以上，确保钻孔摄像探头能够"看清"孔壁情况，再进行监测。

（2）首次现场测试与记录。正式进行钻孔摄像测试之前，仔细观测现场钻孔岩芯破碎情况，留意孔内破碎带大概深度与区域。架好孔口支架，摆放好设备仪器，将钻孔摄像探头与信号传输线缆和控制线连接，并将钻孔摄像探头固定在推杆前端。准备工作完成后，打开电源，开始匀速推动推杆，并操作控制箱进行录像。待探头匀速推到孔底后，关闭录像，确保孔内录像视频保存正常后关闭电源。最后，通过线缆缓慢拉出探头，谨防探头卡孔，本次钻孔摄像测试结束。

（3）钻孔图像数据分析。导出现场录制的视频数据，用配套的钻孔摄像系统软件进行采集分析，导出全孔的全景钻孔图像（包括平面展开图和虚拟岩芯图），分析钻孔图像中的岩体破裂情况，导出钻孔图像数据中的岩体破裂参数，如裂隙产状、隙宽、空洞以及破碎带区域等参数。典型钻孔图像如图 4-41 所示，该图像显示了钻爆法开挖下靠近边墙段岩体裂隙多，宽度大，破裂损伤严重。

（4）现场固定点实时监测。在孔内岩体破碎区域，可以考虑长期放置钻孔摄像探头到指定区域，用于现场实时观测岩体破裂情况，并进行定期或实时录像。采用该方式时，可能会在应力扰动作用下，因岩体破裂塌孔而导致探头卡孔，从而使探头和线缆无法取出。但是，这种方式可以实时监测岩体破裂情况，并采集到孔内岩体破裂的全过程，有利于科学研究。例如，在锦屏二级水电站引水隧洞 3 号试验洞支洞 B 开挖过程中，通过数字钻孔

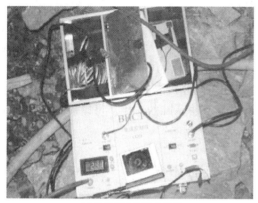

(a) 数字钻孔摄像主控箱   (b) 数字钻孔摄像探头

(c) 深度记录仪

彩色原图

图 4-40   钻孔摄像现场测试设备及部件

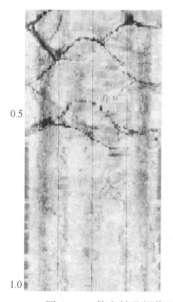

彩色原图

图 4-41   数字钻孔摄像系统获取的典型钻孔图像

摄像现场实时观测试验获取的岩体裂隙演化如图4-42所示，可以看出爆破段侧墙岩体：1）环向裂隙宽度大于径向宽度；2）爆破扰动下围岩松弛破裂逐步扩展。

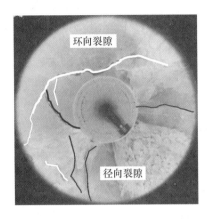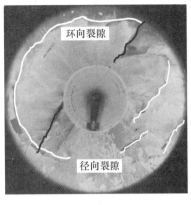

彩色原图

图4-42　3号试验洞试验支洞B裂隙演化图（白山组大理岩地层）

（5）岩体破裂演化定期监测与分析。关键位置定期监测破裂演化。例如，在锦屏二级水电站引水隧洞，1号试验洞支洞D、2号试验洞支洞C和3号试验洞支洞F定期进行钻孔摄像监测，裂隙演化如图4-43~图4-45所示，直观形象地反映了岩体破裂随着时间的演化特征。

由图4-43~图4-45可知，孔内岩体损伤类型主要是爆破冲击破碎、新生裂隙萌生、原生裂隙演化和钻孔内壁掉块四种表现形式。从边墙位置由近及远，形成冲击破碎区、新

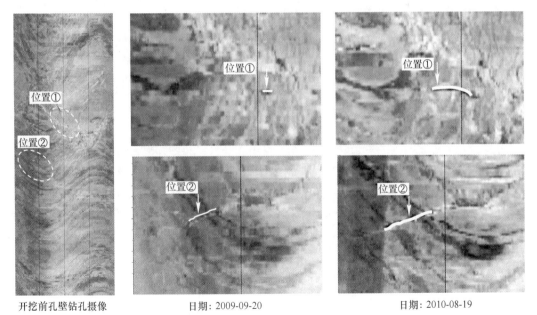

开挖前孔壁钻孔摄像　　　　　日期：2009-09-20　　　　　日期：2010-08-19

(a)1号试验洞钻孔ED20，孔深15.0~17.0m位置裂隙演化特征

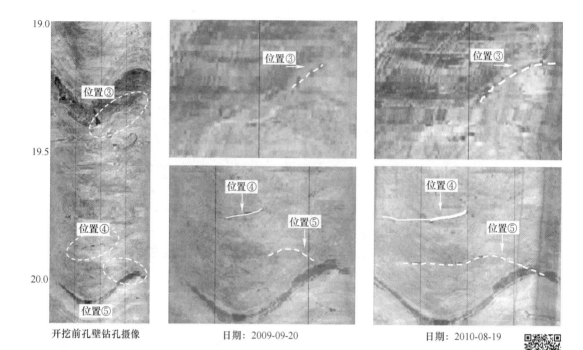

(b) 1号试验洞钻孔ED20，孔深19.0～20.5m位置裂隙演化特征

图 4-43　1号试验洞试验支洞 D 开挖数字钻孔摄像裂隙演化图（盐塘组 T_{2y}^6 地层）

彩色原图

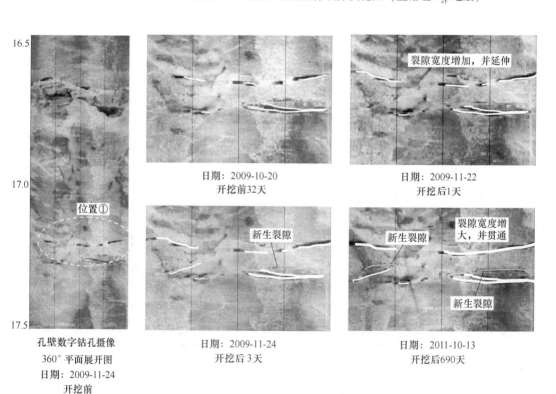

(a) 2号试验洞钻孔ED12，孔深16.0～18.0m位置裂隙演化特征

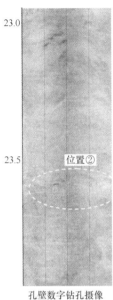

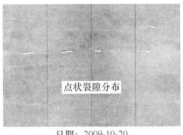

点状裂隙分布

日期：2009-10-20
开挖前32天

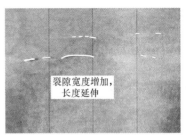

裂隙宽度增加，
长度延伸

日期：2009-11-22
开挖后1天

新生裂隙　　部分裂隙
宽度增大

日期：2009-11-24
开挖后3天

裂隙宽度增大，并贯通

日期：2011-10-12
开挖后690天

孔壁数字钻孔摄像
360°平面展开图
日期：2009-11-24
开挖前

彩色原图

(b) 2号试验洞钻孔ED12，孔深22.0～24.0m位置裂隙演化特征

图4-44　2号试验洞试验支洞 C 开挖数字钻孔摄像裂隙演化图（白山组 T_{2b} 地层）

对应深度：
17.19m

开挖前无
裂隙

日期：2009-09-30
开挖前第94天

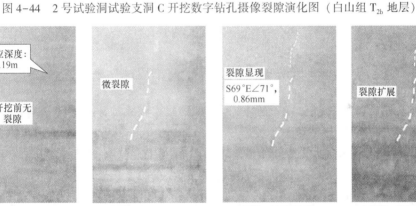

微裂隙

日期：2010-01-14
开挖后第12天

裂隙显现
S69°E∠71°，
0.86mm

日期：2010-01-17
开挖后第15天

裂隙扩展

日期：2010-01-19
开挖后第17天

(a) 孔深17.19m位置裂隙演化放大图(ED06)

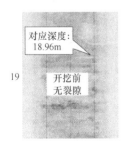

对应深度：
18.96m

19

开挖前
无裂隙

日期：2009-11-01
钻孔摄像360°展开图

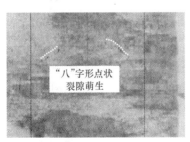

"八"字形点状
裂隙萌生

日期：2010-01-16
开挖后第13天

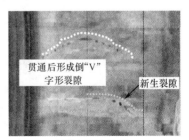

贯通后形成倒"V"
字形裂隙

新生裂隙

日期：2010-03-24
开挖后第80天

(b) 孔深18.8～19.1m位置裂隙演化放大图(ED06)

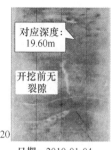
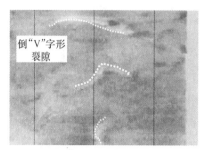
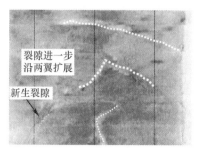

(c) 孔深19.1～20.1m位置裂隙演化放大图(ED06)

彩色原图

图 4-45　3 号试验洞试验支洞 F 开挖数字钻孔摄像裂隙演化图（钻孔 ED06，17.0～20.5m）

生裂隙萌生区和原生裂隙演化区等分区性特征。爆破冲击破碎主要体现在孔口位置，即靠近爆源的边墙位置，裂隙具有数量较多、宽度变化较大、产状复杂的特点。在靠近爆破冲击破碎区，往往是新生裂纹萌生区。与爆破冲击作用下的新生裂隙不同的是，新生裂纹演化区内裂隙具有数量较少、宽度不大、产状明显等特征。在远离新生裂隙萌生区的一定位置，没有新生裂隙产生，仅仅表现为微损伤，通过数字钻孔摄像手段一般监测不到，仅仅表现在声发射或微震信号的变化上，或者原生裂隙的演化，比如张开、闭合、贯通等。不同隧洞开挖尺寸下孔口段裂隙特征有所不同，随着洞径尺寸的增大，孔口段裂隙数量和损伤深度增大。

综合分析可知，随着隧洞尺寸的增大，岩体开挖损伤范围增大，并且随着掌子面的推进，裂隙宽度增大，靠近边墙岩体被挖除的长度增大。受爆破开挖效应的影响，新生裂隙主要集中在孔底位置，靠近边墙位置形成开挖卸荷松动破碎区，隧洞尺寸越大，开挖卸荷松动损伤区越大。

（6）撰写钻孔摄像监测报告。分析每个时段的孔内视频图像数据，提取裂隙产状、隙宽等参数，统计分析整个区域的岩体结构破裂情况，撰写钻孔摄像监测报告。

综上，采用钻孔摄像技术，可以较好地实现岩体破裂情况的监测与统计分析，并可以深入研究岩体破裂损伤演化规律，为岩体力学与工程研究提供有效途径。

———— 本 章 小 结 ————

本章主要介绍了钻孔摄像技术的基本原理、相关概念及钻孔图像处理方法。通过本章可以获得：

（1）钻孔摄像技术是依靠光学原理，综合应用多种技术，使人们能直接观测到钻孔内部孔壁结构形态的一种孔内探测技术，具有实时性和高精度的特点。

（2）钻孔摄像系统一般主要由孔内成像探头、定位装置、控制箱、专用电缆及绞车等部件组成，其探头一般分为前视探头和侧视全景探头两种类型。

（3）钻孔图像平面展开图和虚拟岩芯图是进行岩体结构破裂参数描述和表征的主要媒介，其中倾向、倾角和隙宽是描述裂隙产状的主要方式。

（4）综合应用图像处理方法可以实现钻孔图像的全自动拼接与裂隙产状参数的自动提

取与数据保存分析。

（5）合理有效应用钻孔摄像技术可以实现岩体破裂状态的实时监测分析和岩体破裂规律的时空演变特征。

习题与思考题

1. 钻孔摄像技术发展主要经历了哪几个阶段，它们的主要区别和优缺点是什么？
2. 什么是钻孔图像平面展开图、虚拟岩芯图？
3. 什么是裂隙的产状，与全景钻孔图像之间有什么关系？
4. 前视钻孔摄像系统和侧壁式数字全景钻孔摄像系统有什么不同，主要差异和特点是什么？
5. 为什么需要对孔内视频图像进行拼接融合，具体应该怎样进行？
6. 在泥浆护壁的情况下，如何进行钻孔摄像？
7. 利用钻孔摄像系统进行岩体破裂监测时，需要注意什么？
8. 实际工程应用中，如何进行钻孔摄像，现场需要注意什么？

参 考 文 献

［1］ 葛修润，王川婴. 数字式全景钻孔摄像技术与数字钻孔［J］. 地下空间，2001，21（4）：254-261.

［2］ 王川婴，Tim L. 钻孔摄像技术的发展与现状［J］. 岩石力学与工程学报，2005，24（19）：42-50.

［3］ Lau J S O，Auger L F，Bisson J G. Subsurface fracture surveys using a borehole television camera and acoustic televiewer［J］. Canadian Geotechnical Journal，1987，24（4）：499-508.

［4］ 王川婴，葛修润，白世伟. 数字式全景钻孔摄像系统研究［J］. 岩石力学与工程学报，2002，21（3）：398-403.

［5］ Glossop K，Lisboa P J，Russell P C，et al. An implementation of the Hough transformation for the identification and labelling of fixed period sinusoidal curves［J］. Computer Vision and Image Understanding，1999，74（1）：96-100.

［6］ 曹洋兵，晏鄂川，胡德新，等. 岩体结构面产状测量的钻孔摄像技术及其可靠性［J］. 地球科学（中国地质大学学报），2014，39（4）：473-480.

［7］ Zou X，Song H，Wang C. A high-precision digital panoramic borehole camera system for the precise analysis of in-situ rock structures［J］. Rock Mechanics and Rock Engineering，2021，54（11）：5945-5952.

［8］ 邹先坚，王川婴，宋欢. 岩体孔内摄像视频高精度快速成图方法研究［J］. 工程科学与技术，2021，53（4）：158-167.

［9］ Wang C，Zou X，Han Z，et al. The automatic interpretation of structural plane parameters in borehole camera images from drilling engineering［J］. Journal of Petroleum Science and Engineering，2017，154：417-424.

［10］ 王川婴，钟声，孙卫春. 基于数字钻孔图像的结构面连通性研究［J］. 岩石力学与工程学报，2009，28（12）：2405-2410.

［11］ 李邵军，冯夏庭，张春生，等. 深埋隧洞 TBM 开挖损伤区形成与演化过程的数字钻孔摄像观测与分析［J］. 岩石力学与工程学报，2010，29（6）：1106-1112.

［12］ 李占海. 深埋隧洞开挖损伤区的演化与形成机制研究［D］. 沈阳：东北大学，2013.

5 地质雷达监测技术

本章提要

通过阅读本章，可以了解掌握如下内容：

(1) 电磁波在岩石介质中的传播特点；

(2) 地质雷达工作基本流程；

(3) 希尔伯特变换；

(4) 反卷积；

(5) 地质雷达在岩体破裂监测中的应用。

5.1 地质雷达概述

5.1.1 地质雷达简介

地质雷达技术通常简称地质雷达 (Geological Radar) 或探地雷达 (Ground Penetrating Radar, GPR)，是一种用高频电磁波来确定介质内部物质分布情况的地球物理方法。

地质雷达利用一个天线发射一定频带宽的电磁波，另一个天线接收经由地下介质界面反射产生的反射波。地下介质相当于一个复杂的滤波器。由于地下介质的不均匀性，电磁波在介质中的传播特性会随着介质的不同而发生变化，产生反射、绕射及波形特征变化等现象。在反射波形上就会表现出波幅减小、频率降低、相位和反射时间发生变化等现象。这些现象包含了地下不同介质的物理信息和几何特征。通过分析反射波的变化，结合双程走时、波速及已有地质资料，即可探测地层中的岩性变化和结构特征，如图 5-1 所示。

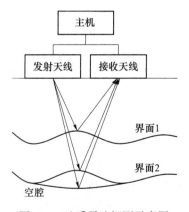

图 5-1　地质雷达探测示意图

5.1.2 地质雷达发展历史

早在 1910 年，地质雷达的概念就已出现，德国的 Letmbach 和 Lowy 在一项专利中提出使用埋设在一组钻孔中的偶极天线探测地下相对高导电性的区域。但直到 1929 年地质雷达才被德国科学家 W. Stern 首次应用于实际冰川厚度勘察。鉴于电磁波在地下介质中传播的复杂性，地质雷达在很长一段时间里仅被用于探测冰层的厚度及岩石与煤矿的调查。

直到 20 世纪 70 年代，美国阿波罗登月计划需要对月球表面进行探测，地质雷达设备和理论才开始快速发展。在这之后，随着计算机技术及信号处理技术的发展，国际上开始出现一批产品化的地质雷达设备。美国、日本、加拿大等国相继推出了地质雷达设备产品。后续随着计算机性能的进一步提升，地质雷达设备的实时现场数据处理的能力也不断提升，地质雷达的探测精度越来越高。

21 世纪以后，地质雷达的使用逐渐向更多的领域拓展，在矿业工程、地质工程、土木工程、交通工程、水利工程、农业工程、环境工程、考古及市政工程等各领域都有重要的应用，涉及地质构造勘察、工程选址选线、工程质量检测、工程病害诊断、超前地质预报和环境污染治理等工程问题[2]。

我国的地质雷达研制工作起步于 20 世纪 70 年代中期，由煤炭科学研究总院重庆分院牵头研制了 KDL 系列矿井防爆雷达仪。20 世纪 80 年代末到 90 年代初，随着国内地质雷达仪器研制水平的提高及国外先进仪器的引进，国内许多高校和科研单位开展了地质雷达相关的研究工作，也形成了一批地质雷达设备。近几年来，随着地质雷达软硬件的更新升级，相关信号处理理论和技术的不断完善[4,5]，国产地质雷达已逐渐得到充分认可和广泛应用。

5.1.3 地质雷达的应用

（1）采矿工程。地质雷达紧密结合矿石开采需要，对采空区冒落、塌方、煤层瓦斯突出等灾害隐患的探测均有良好效果。地质雷达可用于探测采空区、陷落柱、渗水裂隙、断层破碎带、瓦斯突出、巷道围岩松动圈以及采场充填等[6]。

（2）水利水电工程。地质雷达主要用于探测堤坝工程隐患和坝基选址调查[7]。对于江岸边坡塌陷调查、坝基勘察、渗漏调查和堤坝的裂缝、动物洞穴等隐患探测具有良好效果。同时地质雷达也常用于水电工程大型地下洞室厂房、引水隧洞等地下工程建设过程中的超前地质预报及衬砌质量检查工作。

（3）土木工程。地质雷达主要用于建筑物地基勘察、边坡稳定性调查、地基探测和地下水探测等[8]。

（4）交通工程。地质雷达的无损连续检测的特点，使其在公路及机场跑道路基检测中得到广泛应用[9]。地质雷达不仅能准确地揭示面层和基层厚度的变化情况，还可以揭示路基和地基土中存在的病害隐患，确保道路安全。

（5）隧道工程。地质雷达主要用于隧道质量检测、隧道病害诊断、隧道掘进超前预报[10]。通过雷达反射图，能准确了解掌子面前方岩性变化，进而判断掘进前方是否有断层、破碎带、溶洞等不良地质构造，判断不良地质构造的几何形态、规模大小，及时合理地安排掘进速度、修改施工方案、降低灾害发生风险。

（6）环境工程、市政工程及考古等。地质雷达可以用来进行地下掩埋垃圾场的调查，以确定年代久远的垃圾场的确切位置以及评价有害物质对周围介质或地下水的污染程度。地质雷达也可用于探测城市地下管线、路面脱空等，对保障城市建设做出贡献。近年来，地质雷达已被应用于考古挖掘的地质探测工作并取得一定成果。

5.2 岩石介质电磁波传播原理

5.2.1 岩石介质的电磁性质

5.2.1.1 电导率

电导率 σ 表征物质的导电性能，单位为西门子每米（S/m）。在各向同性介质中，σ 为常数。电导率 σ、电流密度 J 与电场强度 E 之间的关系为：

$$J = \sigma E \tag{5-1}$$

根据电导率的不同，材料会表现出不同的电磁波衰减特性，如表5-1所示。

表 5-1 不同电导率等级的电磁波衰减特性

电导率等级	电导率范围	代表性材料	衰减特性
低电导率	$<10^{-7}$ S/m	空气、干燥花岗岩、干燥灰岩、混凝土、沥青、橡胶、陶瓷等	电磁波衰减小，雷达适宜工作
中电导率	$10^{-7} \sim 10^{-2}$ S/m	淡水、雪、砂、淤泥、干黏土、含水玄武岩、湿花岗岩、土壤、冻土、砂岩、黏土岩、页岩等	电磁波衰减较大，雷达可以工作
高电导率	$>10^{-2}$ S/m	湿黏土、湿页岩、海水、含水砂岩、含水灰岩、金属物等	电磁波衰减极大，雷达难以工作

5.2.1.2 磁导率

磁导率 μ 表征介质在磁场作用下产生磁感应能力的强弱，单位为亨利每米（H/m）。磁导率 μ、磁感应强度 B 与磁场强度 H 之间的关系为：

$$B = \mu H \tag{5-2}$$

定义相对磁导率 μ_r 为磁导率 μ 与真空磁导率 μ_0 之比，如式（5-3）所示，为量纲为1的物理量。

$$\mu_r = \frac{\mu}{\mu_0} \tag{5-3}$$

岩土工程中的绝大多数介质都是非铁磁性物质，相对磁导率都接近1，对电磁波传播影响较小；纯铁、铁氧体等材料为铁磁性物质，其磁导率很高，可达到 $10^2 \sim 10^4$，严重影响电磁波的传播波速和衰减。

5.2.1.3 介电常数

原本呈现电中性的介质，在外电场的作用下，束缚电荷的局部移动会使介质呈现出电性，这种现象被称为极化。

介电常数 ε 表征了介质的极化程度，即介质存储极化电荷的能力。对于各向同性介质，介电常数 ε、电位移 D 与电场强度 E 之间的关系为：

$$D = \varepsilon E = \varepsilon_0 (1 + \chi_e) E \qquad (5-4)$$

式中，ε_0 为真空介电常数；χ_e 为介质的极化率。

定义相对介电常数 ε_r 为介电常数 ε 与真空介电常数 ε_0 的比值，为无量纲物理量，如式（5-5）所示。相对介电常数使用更加方便，如无特别说明，下文所述介电常数都是指相对介电常数。

$$\varepsilon_r = \frac{\varepsilon}{\varepsilon_0} = 1 + \chi_e \qquad (5-5)$$

在地质雷达的应用中，相对介电常数是反映地下介质的电性的一个重要参数，主要影响电磁波在地下介质中的折射率。电磁波在相对介电常数不同的两种介质的界面处会发生反射和折射，反射波的强度与两种介质的介电常数及电导率有关。

5.2.1.4　岩石介质的电磁性质

大部分岩石介质的相对磁导率都接近1，对电磁波的传播几乎无影响，而电性差异较大。因此，在地质雷达探测中，主要关注电导率和介电常数这两种电性参数。通过对各种介质的测定发现，空气是自然界中电阻率最大、介电常数最小的介质，电磁波速最高，衰减最小；水是自然界中介电常数最大的介质，电磁波速最低。干燥的岩石和混凝土的电性参数虽有差异，但差异不大，基本属于高阻介质，介电常数为4~9，属中等波速介质。但是由于各类岩石不同的孔隙率和饱和水程度，显现出较大的电磁性质差异，这些差异表现在介电常数和电导率方面，决定了不同岩性对应不同的波速和不同的衰减。表5-2为一些常见工程介质的电性参数。

表 5-2　岩石工程常见介质的电性参数

介质名称	电导率 $\sigma / S \cdot m^{-1}$	相对介电常数 ε_r
空气	0	1
纯水	$10^{-4} \sim 3 \times 10^{-2}$	81
花岗岩（干）	10^{-8}	5
花岗岩（湿）	10^{-3}	7
石灰岩（干）	10^{-9}	7
石灰岩（湿）	2.5×10^{-2}	8
玄武岩（湿）	10^{-2}	8
页岩（湿）	10^{-1}	7
砂岩（湿）	4×10^{-2}	6
混凝土（干）	$10^{-3} \sim 10^{-2}$	4~10
混凝土（湿）	$10^{-2} \sim 10^{-1}$	10~20

5.2.2　电磁场基本理论

电磁波在介质中的传播可用麦克斯韦方程组[12,13]来描述：

$$\nabla \times E = -\frac{\partial B}{\partial t} \qquad (5-6（a）)$$

$$\nabla \times \boldsymbol{H} = \boldsymbol{J} + \frac{\partial \boldsymbol{D}}{\partial t} \tag{5-6（b）}$$

$$\nabla \cdot \boldsymbol{B} = 0 \tag{5-6（c）}$$

$$\nabla \cdot \boldsymbol{D} = \rho \tag{5-6（d）}$$

式中，ρ 为电荷密度；$\boldsymbol{J}$ 为电流密度；$\boldsymbol{E}$ 为电场强度；$\boldsymbol{D}$ 为电位移；$\boldsymbol{B}$ 为磁感应强度；$\boldsymbol{H}$ 为磁场强度。

　　场量与场量之间的关系称为本构方程，决定于电磁场所在介质中的性质。对于均匀、线性和各向同性的介质来说，其本构关系可简化为：

$$\boldsymbol{J} = \sigma \boldsymbol{E} \tag{5-7（a）}$$

$$\boldsymbol{D} = \varepsilon \boldsymbol{E} \tag{5-7（b）}$$

$$\boldsymbol{B} = \mu \boldsymbol{H} \tag{5-7（c）}$$

式中，ε 为介电常数；μ 为磁导率；σ 为电导率。

　　在无自由电荷也无自由电流环境下（非电性外加源等效电流 $\boldsymbol{J}' = 0$，电荷密度 $\rho = 0$），将式（5-7）代入式（5-6）即可得到只包含电场强度 $\boldsymbol{E}$ 和磁场强度 $\boldsymbol{H}$ 的麦克斯韦方程组：

$$\nabla \times \boldsymbol{E} = -\mu \frac{\partial \boldsymbol{H}}{\partial t} \tag{5-8（a）}$$

$$\nabla \times \boldsymbol{H} = \sigma \boldsymbol{E} + \varepsilon \frac{\partial \boldsymbol{E}}{\partial t} \tag{5-8（b）}$$

$$\nabla \cdot (\mu \boldsymbol{H}) = 0 \tag{5-8（c）}$$

$$\nabla \cdot (\varepsilon \boldsymbol{E}) = 0 \tag{5-8（d）}$$

　　麦克斯韦方程组表明，变化的电场会产生磁场，变化的磁场也会产生电场。电场和磁场相互激发相互转化，并以有限的速度向远处传播，形成电磁波。

　　对式（5-8（a））和式（5-8（b））两边取一次旋度，得：

$$\nabla \times \nabla \times \boldsymbol{E} = -\mu \frac{\partial}{\partial t}(\nabla \times \boldsymbol{H}) \tag{5-9（a）}$$

$$\nabla \times \nabla \times \boldsymbol{H} = \sigma(\nabla \times \boldsymbol{E}) + \varepsilon \frac{\partial}{\partial t}(\nabla \times \boldsymbol{E}) \tag{5-9（b）}$$

　　再将式（5-8（b））和式（5-8（a））分别代入式（5-9（a））和式（5-9（b）），得：

$$\nabla \times \nabla \times \boldsymbol{E} + \mu\sigma \frac{\partial \boldsymbol{E}}{\partial t} + \mu\varepsilon \frac{\partial^2 \boldsymbol{E}}{\partial t^2} = 0 \tag{5-10（a）}$$

$$\nabla \times \nabla \times \boldsymbol{H} + \mu\sigma \frac{\partial \boldsymbol{H}}{\partial t} + \mu\varepsilon \frac{\partial^2 \boldsymbol{H}}{\partial t^2} = 0 \tag{5-10（b）}$$

　　考虑恒等式 $\nabla \times \nabla \times \boldsymbol{F} = \nabla(\nabla \cdot \boldsymbol{F}) - \nabla^2 \boldsymbol{F}$，同时考虑式（5-8（c））和式（5-8（d））条件，可得：

$$\nabla^2 \boldsymbol{E} - \mu\varepsilon \frac{\partial^2 \boldsymbol{E}}{\partial t^2} - \sigma\mu \frac{\partial \boldsymbol{E}}{\partial t} = 0 \tag{5-11（a）}$$

$$\nabla^2 \boldsymbol{H} - \mu\varepsilon \frac{\partial^2 \boldsymbol{H}}{\partial t^2} - \sigma\mu \frac{\partial \boldsymbol{H}}{\partial t} = 0 \tag{5-11（b）}$$

式（5-11）就是电磁场的齐次波动方程。E 和 H 一般可有 3 个分量，且每一个分量还可以是三维坐标变量 (x, y, z) 及时间 t 的函数。

5.2.3 电磁波在岩石介质中的传播

地质雷达利用天线产生电场能量以电磁波的形式在介质中传播，其发射的高频脉冲电磁波可以通过傅里叶变换进行分解，将电磁脉冲分解成一系列不同频率的谐波，这些谐波一般都可近似为以平面波的形式传播。研究平面波的性质和规律，即可了解地质雷达波在岩石介质中的传播规律。

如图 5-2 所示，沿 z 方向传播的均匀平面波，其电场、磁场都没有平行传播方向（z 轴）的分量（$E_z = 0$，$H_z = 0$），只有垂直于传播方向（横向）的分量（E_x、E_y、H_x、H_y），称为横电磁波（Transverse Electromagnetic Wave，TEM 波）。在垂直传播方向的各分量中，$E_x(z, t)$ 和 $H_y(z, t)$、$E_y(z, t)$ 和 $H_x(z, t)$ 分别组成两组彼此独立的分量波，它们满足的波动方程形式相似，因此只要研究其中一组分量波，即可掌握均匀平面波的传播规律。

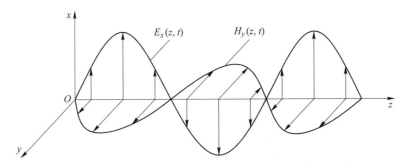

图 5-2　理想介质中的均匀平面波

现设 $E = E_x(z, t)$ 和 $H = H_y(z, t)$，代入式（5-11）的波动方程，可得一维空间坐标变量的齐次波动方程。

$$\frac{\partial^2 E(z, t)}{\partial z^2} - \mu\varepsilon\frac{\partial^2 E(z, t)}{\partial t^2} - \sigma\mu\frac{\partial E(z, t)}{\partial t} = 0 \qquad (5\text{-}12（a）)$$

$$\frac{\partial^2 H(z, t)}{\partial z^2} - \mu\varepsilon\frac{\partial^2 H(z, t)}{\partial t^2} - \sigma\mu\frac{\partial H(z, t)}{\partial t} = 0 \qquad (5\text{-}12（b）)$$

由于岩石结构主要为有耗介质，即电导率 $\sigma \neq 0$。令 $\varepsilon_c = \left(1 - j\dfrac{\sigma}{\omega\varepsilon}\right)\varepsilon$，称为等效介电常数，为复数。如果组成平面波的电磁场量随时间 t 做简谐变化，则可将式（5-12）改写为复数形式并代入 ε_c，得：

$$\frac{d^2 \dot{E}_x(z)}{dz^2} = -\omega^2\mu\varepsilon_c\dot{E}_x(z) = \gamma^2\dot{E}_x(z) \qquad (5\text{-}13（a）)$$

$$\frac{d^2 \dot{H}_y(z)}{dz^2} = \gamma^2\dot{H}_y(z) \qquad (5\text{-}13（b）)$$

式中，传播常数 $\gamma^2 = -\omega^2\mu\varepsilon_{\mathrm{c}} = -\omega^2\mu\varepsilon + j\omega\mu\sigma$，为复数，令：

$$\gamma = \alpha + \beta j \tag{5-14}$$

解得：

$$\alpha = \omega\sqrt{\frac{\mu\varepsilon}{2}\left[\sqrt{1+\left(\frac{\sigma}{\omega\varepsilon}\right)^2}-1\right]} \tag{5-15（a）}$$

$$\beta = \omega\sqrt{\frac{\mu\varepsilon}{2}\left[\sqrt{1+\left(\frac{\sigma}{\omega\varepsilon}\right)^2}+1\right]} \tag{5-15（b）}$$

式中，α 为衰减常数，表示单位距离的衰减程度，Nb/m；β 为相位常数，表示单位距离落后的相位，rad/m。

故有耗介质中，电磁波的相速度 v_{p} 和波长 λ 为：

$$v_{\mathrm{p}} = \frac{\omega}{\beta} = \frac{1}{\sqrt{\mu\varepsilon}}\frac{1}{\sqrt{\frac{1}{2}\left[\sqrt{1+\left(\frac{\sigma}{\omega\varepsilon}\right)^2}+1\right]}} \tag{5-16（a）}$$

$$\lambda = \frac{2\pi}{\beta} = \frac{2\pi}{\omega\sqrt{\mu\varepsilon}}\frac{1}{\sqrt{\frac{1}{2}\left[\sqrt{1+\left(\frac{\sigma}{\omega\varepsilon}\right)^2}+1\right]}} \tag{5-16（b）}$$

对比理想无耗介质条件下（$\sigma = 0$），电磁波传播过程中不会产生衰减，γ 为纯虚数。此时相速度 v_{p} 和波长 λ 为：

$$v_{\mathrm{p}} = \frac{\omega}{\beta} = \frac{1}{\sqrt{\mu\varepsilon}} \tag{5-17（a）}$$

$$\lambda = \frac{2\pi}{\beta} = \frac{2\pi}{\omega\sqrt{\mu\varepsilon}} \tag{5-17（b）}$$

可见，有耗介质中的电磁波相速度不止受介电常数和磁导率影响，同时还会受到电导率和电磁波频率的影响。在相同的介电常数和磁导率条件下，介质有损耗会导致电磁波的传播速度变慢，波长变短。

5.2.4 电磁波的反射和折射

地质雷达利用高频电磁脉冲波的反射原理来实现探测目的，当电磁波在传播过程中遇到不同介质的分界面时会发生反射与折射。图 5-3 所示的是入射波的两条射线在界面所引起的反射与折射，θ_{i}、θ_{r} 与 θ_{t} 分别表示入射角、反射角与折射角；v_1 为入射波和反射波的波速；v_2 为折射波的波速，入射波、反射波与折射波的方向遵循反射定律和折射定律。

反射定律：

$$\theta_{\mathrm{i}} = \theta_{\mathrm{r}} \tag{5-18}$$

折射定律：

$$\frac{\sin\theta_{\mathrm{i}}}{\sin\theta_{\mathrm{t}}} = \frac{v_1}{v_2} = \sqrt{\frac{\varepsilon_2}{\varepsilon_1}} = n \tag{5-19}$$

式中，n 为折射率。

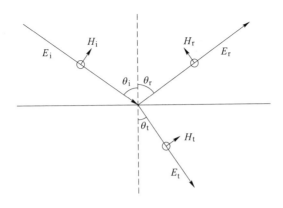

图 5-3　垂直极化波在界面的反射和折射

这两个定律表明，入射角 θ_i 等于反射角 θ_r，与介质的性质无关，折射率与两边介质性质有关。由于电磁波是横波，电场强度可以垂直入射平面，磁场平行入射平面，称为 TE 极化的反射和折射。相反，磁场垂直入射平面，电场平行入射平面，此时称为 TM 极化的反射和折射。地质雷达使用的是偶极源，在离源很远的区域，波的等相面在一定范围内可看成平面，此时其波场为平面波。一般情况下，地质雷达探测中使用 TE 极化方向，偶极矩平行界面，电场平行于偶极子发射天线的方向，即入射电场 E_i 与入射面垂直，因此下面仅讨论垂直极化波在界面的反射与折射情况。

从图 5-3 中可以看出入射波、反射波与折射波在界面处电场与磁场变化关系，其中 E_i、E_r 与 E_t 分别表示入射波、反射波和折射波的电场强度幅值，它们的磁场强度则相应为：

$$H_i = \frac{E_i}{\eta_1} \tag{5-20（a）}$$

$$H_r = \frac{E_r}{\eta_1} \tag{5-20（b）}$$

$$H_t = \frac{E_t}{\eta_2} \tag{5-20（c）}$$

式中，η_1、η_2 分别为上层和下层介质的波阻抗。

电磁波到达界面时，将发生能量再分配，根据能量守恒定理，界面两边的能量总和保持不变。因此反射波的能量与折射波的能量之和等于入射波的能量。电磁波在跨越介质交界面时，紧靠界面两侧的电场强度和磁场强度的切向分量分别相等，则得：

$$E_t + E_r = E_i \tag{5-21（a）}$$

$$H_i\cos\theta_i - H_r\cos\theta_i = H_t\cos\theta_t \tag{5-21（b）}$$

设 $R_{1,2} = \dfrac{E_r}{E_i}$，$T_{1,2} = \dfrac{E_t}{E_i}$ 分别表示 TE 波从第 1 层介质入射到第 2 层介质分界面时的反射系数和透射系数，有：

$$R_{1,2} = \frac{\cos\theta_i - \sqrt{\dfrac{\varepsilon_{r2}}{\varepsilon_{r1}} - \sin^2\theta_i}}{\cos\theta_i + \sqrt{\dfrac{\varepsilon_{r2}}{\varepsilon_{r1}} - \sin^2\theta_i}} \qquad (5\text{-}22\,(a))$$

$$T_{1,2} = \frac{2\cos\theta_i}{\cos\theta_i + \sqrt{\dfrac{\varepsilon_{r2}}{\varepsilon_{r1}} - \sin^2\theta_i}} \qquad (5\text{-}22\,(b))$$

由于地质雷达发射天线与接收天线一般靠得很近，几乎是垂直入射和反射，此时入射角 $\theta_i \approx 0$，代入式（5-22）可得：

$$R_{1,2,\perp} = \frac{1 - \sqrt{\dfrac{\varepsilon_{r2}}{\varepsilon_{r1}}}}{1 + \sqrt{\dfrac{\varepsilon_{r2}}{\varepsilon_{r1}}}} = \frac{\sqrt{\varepsilon_{r1}} - \sqrt{\varepsilon_{r2}}}{\sqrt{\varepsilon_{r1}} + \sqrt{\varepsilon_{r2}}} \qquad (5\text{-}23)$$

由式（5-23）可知，在位移电流远远大于传导电流的情况下，反射波能量与透射波能量的分配除了与入射角有关外，还与分界面两侧相应介电常数的大小有关。当两个介质的介电常数相同时，反射系数为 0，不发生反射，仅有透射。

5.2.5　高频雷达波的传播特点

通过以上推导可知，介质的相对介电常数 ε_r 对雷达波的波长、波速和反射系数有非常大的影响。多种因素的影响导致同样介质的相对介电常数 ε_r 在相当宽的范围内变化。由于一般介质与水的相对介电常数差异较大，对于孔隙较多的介质，含水量对其介电常数起主导作用。

高频雷达波在多层介质中的传播机制主要有：

（1）电磁波的波长、波速以及分界面处的反射系数主要与介电常数有关，而与电导率关系不大。

（2）与理想无耗介质相比，高频雷达波在有耗介质层间传播时，波长缩短、波速降低、振幅衰减[14]。电导率对雷达波的振幅衰减影响较大，限制了雷达波的探测距离。

（3）在两层介质的分界面上，当介质的介电常数存在差异时才会发生反射。反射系数的大小与入射角度及相对介电常数有关。

（4）较高频率的天线具有较高的分辨率，但衰减较快，穿透深度较浅。

5.3　地质雷达设备及数据采集

5.3.1　地质雷达设备

地质雷达采集系统的设计总体分为以下两种：组合式设计和分离式设计。组合式设计是将发射机、接收机以及主机结合到一起组成不可拆卸的完整仪器。分离式设计主要有以下两种形式：（1）将天线发射控制器（发射机）和接收控制器（接收机）独立出来，采用不同的天线与其配合使用。这种结构成本低,但是由于接线较多,野外使用不方便。这种分离式设计常常在振子非屏蔽天线上使用。(2)将控制采集的主机与控制单元分离,控制主机通过计算机的并口或串口与控制单元连接。这种分离式设计的优点是可以随时更换主机,但是缺点也是接线太多,同样不利于野外复杂地区使用。

无论组合式设计还是分离式设计,其控制信号流程是完全一致的。地质雷达的总体结构如图5-4所示。它由发射控制器、接收控制器、天线、控制系统及主机五部分组成。

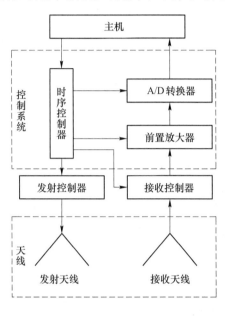

图5-4 地质雷达系统结构图

(1)发射控制器。在控制单元系统的触发下,利用雪崩开关方式进行快速加压,产生高压窄脉冲电信号,并以此信号作为雷达发射控制脉冲,通过发射天线向地下发射电磁波。

(2)接收控制器。用接收天线接收高频雷达反射信号,通过高频放大器进行放大,然后在控制单元系统的触发下,将放大后的信号通过采样头进行采样保持,从而将高频信号变成低频信号,由控制单元系统进行精确采样。地质雷达接收机主要包括电源、高频采样头、高频放大器、延长门、积分器等结构。

(3)天线。目前地质雷达采用的天线主要有微带蝶形天线和振子天线两种。屏蔽天线常采用微带蝶形天线,主要应用于100~2000MHz天线之间。非屏蔽天线常以拉杆振子天线为主,主要应用于20~500MHz天线之间。目前在高速公路和铁路应用中出现空气耦合天线,主要应用于1000~2600MHz天线之间。

从实际应用看,地质雷达天线的工作情况比较复杂。一方面,近场的电作用很大;另一方面,地面对天线有很大影响,它会影响天线的匹配,从而影响发射效率和波形。地质雷达的天线要求具有如下的特点和功能:

1)地质雷达的发射天线应能将电磁波的能量尽可能多地辐射出去,即天线具有较高的效率;同时,还要求天线是一个良好的电磁开放系统,并与发射器和接收器良好的匹配。接收天线应具有较高的灵敏度。

2）天线具有良好的方向性。

3）天线要具有足够的带宽，以满足对地下介质的分辨要求。

4）地质雷达的天线应具有较强的抗干扰能力，以满足地质雷达系统在城市等环境的应用。

5）地质雷达是以脉冲电磁波形式进行探测的，因而要求地质雷达天线发射的电磁波子波形态规则，不产生振荡，即通常所说的"子波干净"。

天线发射电磁波是馈点脉冲信号传播到天线末端不断积分的过程，因此天线的长度决定了天线发射电磁波的频率，宽度决定了发射电磁波的带宽。天线的选择既要考虑带宽，也要考虑发射效率。

（4）主机（图5-5）。对地质雷达各子系统的工作流程进行管理、存储、显示；接收由控制单元系统采集得到的雷达数字信号，并对这些信号进行多种方法的信号处理。

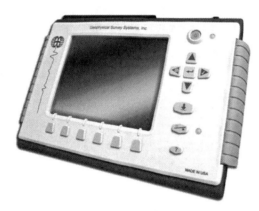 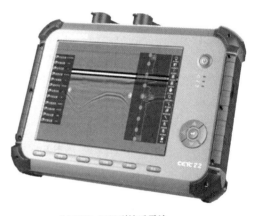

(a) SIR-3000型地质雷达　　　　　　　　　　(b) LTD-2600型地质雷达

图5-5　地质雷达主机示意图

（5）控制系统。微机控制系统为发射天线系统和接收天线系统提供精确定时的启动触发脉冲；同时对来自接收天线系统采样保持后的雷达反射波信号进行程控增益放大和 A/D 转换；并将得到的数字化雷达反射波信号存放到内存中，供计算机显示、存储、分析和处理。

为了确保数据采集的准确性和稳定性，天线控制信号的产生和发出必须满足一定的顺序和规范。在实际数据采集过程中，地质雷达系统共有时间触发、达标触发、测量轮触发等三种触发工作方式，但不管处于哪一种工作方式下，当系统发出启动工作信号之后，其系统控制流程是一样的。

5.3.2　地质雷达探测方法

5.3.2.1　探测方法分类

按照探测时发射天线和接收天线间距离的不同，地质雷达探测方法可分为剖面法、宽角法、共中心点法及钻孔雷达法等。

其中，地质雷达剖面法是最常用的探测方法，宜用于岩层厚度、岩体风化带探测，隧洞施工超前地质预报，混凝土结构检测及地下管线探测等。地质雷达宽角法和地质雷达共中心点法主要用于测试地下介质的电磁波速度。钻孔雷达常用于隧洞超前地质预报及岩溶、破碎带探测等。

A 地质雷达剖面法

剖面法通过发射天线和接收天线以固定间距沿测线同步移动，从而获得地下介质的反射剖面，是岩土工程中最常用的一种地质雷达探测方法。当发射天线与接收天线间距为零，即发射天线与接收天线合二为一时称为单天线形式（自激自收），反之称为双天线形式。

剖面法得到的测量结果，按照道数的顺序排列，即可绘制成地质雷达时间剖面图像，如图 5-6 所示。时间剖面图像的横坐标代表天线在测线上的位置；纵坐标为反射波双程走时，表示雷达脉冲沿发射天线—反射界面—接收天线路径传播的总时间。这种记录能准确反映测线下方各反射界面的形态以及沿测线的变化，是最常用的地质雷达数据表现形式。

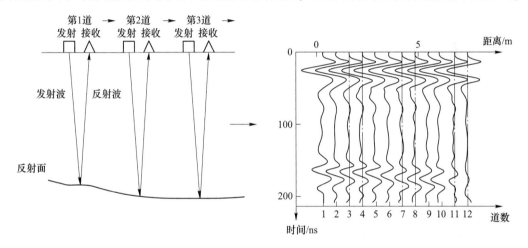

图 5-6 剖面法形成地质雷达时间剖面示意图

B 地质雷达宽角法

宽角法通过将发射（接收）天线固定在测线某一点上，另一个接收（发射）天线沿测线移动，从而记录反射波的双程走时。按照固定的天线不同，宽角法可分为共发射点和共接收点两种方式，如图 5-7 所示。

C 地质雷达共中心点法

共中心点法通过保持发射天线和接收天线之间的中心点位置不变，沿测线不断改变发射天线和接收天线之间的距离，从而记录反射波的双程走时，如图 5-8 所示。

D 钻孔雷达法

钻孔雷达法[15]通过将发射天线和接收天线放入若干个钻孔中进行测试，沿钻孔上下移动天线，从而获得钻孔周围介质剖面。

钻孔雷达相较地面地质雷达，往往具有更大的探测深度和更好的探测分辨率。钻孔雷达的探测深度主要取决于钻孔深度，不同岩石介质下的径向探测范围可达 10~100m；通过对重点深度进行多次重复探测，并对探测结果平均叠加，可以提高探测分辨率。地面地质

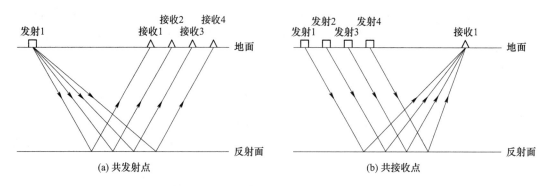

图 5-7　宽角法探测示意图

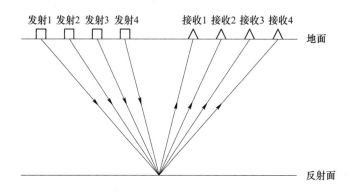

图 5-8　共中心点法探测示意图

雷达必须穿透覆盖层和风化带，而这些介质往往电导率值较大，抑制了雷达信号的传播，导致地面地质雷达的探测深度有限，而探测面积较大。

钻孔雷达的常用测量方式可分为单孔反射测量和跨孔测量。

a　单孔测量

在单孔测量方式下，雷达发射天线和接收天线以固定的间距下到相同的钻孔中，如图 5-9（a）所示。在这种方式下，应采用光纤来传递触发天线的信号和传输数据，因为它可以消除天线寄生信号的影响。最常用的天线是偶极子天线，它可以向 360°空间辐射和接收反射信号（无方向性）。钻孔雷达数据的解释与地面地质雷达数据基本一样，区别在于地面雷达只接收地下的信号，而钻孔雷达的信号是全空间的。

单孔测量可以得到反射体的距离、反射体是否为面状以及确定平面体与钻孔的夹角等。不同反射体在地质雷达图像上的表现形式如图 5-9（b）所示。该方法的缺点是无法确定反射体的方位。若利用多个钻孔的单孔测量数据进行综合解释，则有可能克服该缺点。

b　跨孔测量

跨孔测量是一种在两个钻孔中分别放入发射天线和接收天线进行探测的测量方式。为了减少几何位置的影响和方便数据处理和解释，两个钻孔最好在相同的二维平面中，调查的介质也在两个钻孔之间。

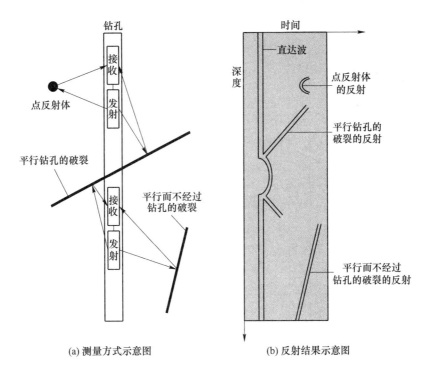

(a) 测量方式示意图　　　　　(b) 反射结果示意图

图 5-9　单孔反射测量示意图

与单孔反射法相比，跨孔雷达探测需要的测量时间更长，同时其分辨率和精确度也更高。跨孔雷达的探测方法为：先将发射天线固定在一个位置上，接收天线在另一个钻孔中扫描整个长度；然后，发射天线往下移动一步，接收天线再扫描整个长度。重复进行，直到发射天线覆盖整个钻孔为止。

跨孔测量数据的解释方法通常分为反射分析方法和层析成像方法[16,17]。前者主要利用反射波，依靠发射天线和接收天线间的空间位置差异，可以发现一些接近水平的破裂带，也能确定破裂带的方位。该方法缺点在于数据分析更加复杂和困难。

后者主要利用直达波，根据不同测点组合条件下，直达波的振幅和传播时间的不同，反演求解钻孔之间区域内的介质分布。该方法的缺点在于数据量更大，求解更加困难，同时对钻孔和测点的布置要求更苛刻。

层析成像原理如图 5-10 所示。

5.3.2.2　探测工作流程

地质雷达探测工作的流程主要包括资料收集、方案设计、现场探测、数据处理和数据解释这五个步骤，如图 5-11 所示。

（1）资料收集。主要包括地质雷达探测区域所涉及的地质资料、水文资料、建筑物资料以及现场踏勘资料等。

（2）方案设计。主要是考虑探测目标、现场条件等因素选择合适的探测方法、仪器型号及测线布置方案等。

（3）现场探测。按照设计方案进行现场地质雷达探测，获取地质雷达原始反射数据。

（4）数据处理。探测得到的原始数据常包含大量噪声及畸变，因此需要对原始数据进

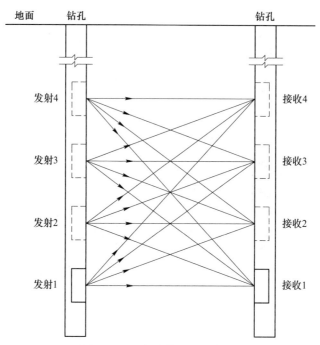

图 5-10　层析成像原理示意图

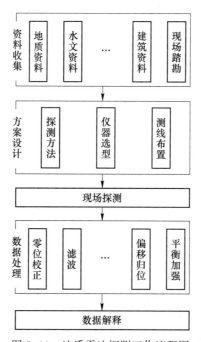

图 5-11　地质雷达探测工作流程图

行数据处理，通过零位校正、滤波、偏移归位及平衡加强等方法尽可能消除噪声干扰，增强地质雷达图像的可读性。

（5）数据解释。根据处理得到的地质雷达图像，结合地质信息、钻孔揭露等其他探测方法，综合判断探测区的地质变化情况。

5.4 地质雷达数据处理

地质雷达直接获得的反射图像往往包含有大量噪声，为了更加准确地进行数据解释，需要对原始反射图像进行数据处理。数据处理的目的是压制噪声，增强信号，提高信噪比，提取特征信息等。

地质雷达的数据处理流程如图5-12所示。一般情况下可分为三部分：（1）数据预处理：包括数据连接、废道剔除、漂移消除、背景消除、零位校正；（2）数据滤波：包括数字滤波、希尔伯特变换、小波去噪、反卷积以及提取瞬时特征等；（3）数据修饰：包括偏移归位、道间平衡加强及自动增益等。

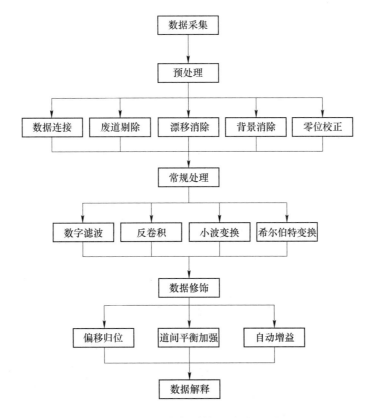

图5-12 地质雷达数据处理流程图

5.4.1 地质雷达信号噪声分类

地质雷达的噪声主要包括两部分：系统噪声和环境噪声。前者是由于地质雷达设备硬件或理论缺陷造成的，通过一定手段可以减弱但无法完全消除；后者是指地质雷达探测时环境中存在的干扰源产生的噪声。

5.4.1.1 系统噪声

（1）发射天线传播到接收天线的直达波。从发射天线直接传播到接收天线上的电磁波，可以通过在天线上做屏蔽处理进行一定程度抑制。

（2）阻抗不匹配造成的驻波。由于地质雷达天线发射的是高频电磁波，信号的波长很短，当传输电缆的特征阻抗与发射天线的阻抗不匹配时，就会在传输线内形成反射波。信号波与反射波的振幅相同、频率相同而传播方向相反，二者相互叠加会产生驻波，如图5-13所示。驻波会形成稳定的加强区和减弱区，产生固定不动的波腹和波节，在波节处信号恒为0；在波腹处信号振荡剧烈。因此，驻波会降低信号传输效率，同时也会对雷达信号产生干扰。设计系统时应当保证线路与天线的阻抗匹配以减少驻波出现。

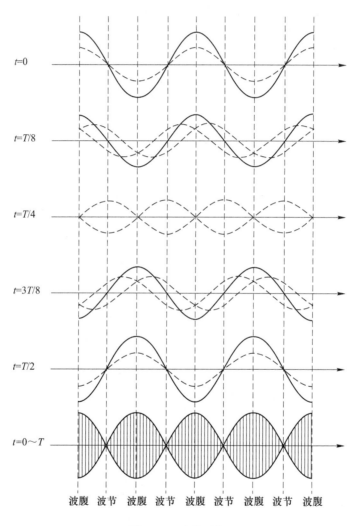

图5-13　驻波现象

（3）发射信号与天线屏蔽罩之间的振荡噪声。由于地质雷达天线的发射信号是宽频带信号，因此振荡噪声虽然可以根据信号主频设计特定屏蔽罩减少干扰，但却无法彻底消除。

（4）脉冲信号的次波峰。地质雷达发射的信号在理论上应当为单峰主瓣脉冲信号，但实际应用中常常会有旁瓣信号伴生，产生旁瓣干扰噪声。

5.4.1.2　环境噪声

（1）电缆、金属管线干扰噪声；

（2）探测面凹凸起伏造成的不耦合噪声；

（3）大功率交变电器设备干扰噪声。

5.4.2　地质雷达数据预处理

在介绍数据处理之前，由于地质雷达数据既包含时间域（双程走时），也包含空间域（雷达道数），故先介绍本章对地质雷达数据的表示方法。定义地质雷达数据集合 $[X]$ 为每一道雷达数据 $x(n, t)$ 的集合；每一道雷达数据 $x(n, t)$ 为每一道每一采样点 x_t^n 数据的集合，如式（5-24）所示。

$$[X] = [x(1, t), x(2, t), \cdots, x(n, t), \cdots, x(N, t)] \quad (5-24 (a))$$

$$x(n, t) = [x_1^n, x_2^n, \cdots, x_t^n, \cdots, x_T^n] \quad (5-24 (b))$$

式中，$[X]$ 为地质雷达数据集合；$x(n, t)$ 为第 n 道的地质雷达数据；x_t^n 为第 n 道第 t 个采样点数据。

（1）数据连接。由于测线过长、更换电池或更换天线等原因，采集到的地质雷达数据可能分成若干数据文件，需要将其拼接成完整数据。

（2）废道剔除。由于天线耦合不当、局部强干扰或移动天线过程中错误采集等原因，采集到的数据中会包含无效数据，需要将其从完整数据里剔除或填零。

（3）漂移消除。由于强环境干扰或设备故障，采集到的数据中会出现波形中轴不为零，甚至全正（负）的情况。该现象是由直流漂移造成的，需要对其进行去趋势处理。其实现方法为将每个采样点的数据减去整体的均值，如式（5-25）所示。

$$\tilde{x}_t^n = x_t^n - \frac{1}{N} \sum_{i=1}^{N} x_i^n \quad (5-25)$$

式中，x_t^n 和 $\tilde{x}_t^n$ 分别为第 n 道第 t 个采样点漂移消除前后的雷达数据；N 为第 n 道雷达数据的总采样点个数。

如果将式（5-25）中减去某一道的均值改为减去所有道对应时刻的均值，它就变成了背景消除。

（4）背景消除。由于阻抗不匹配产生的驻波干扰信号是地质雷达数据的主要背景噪声，在雷达剖面上具有等时和稳定等特点，具体表现为道间水平信号强、视速度高，故又被称为道间水平干扰。通过水平趋势可以实现背景消除，如式（5-26）所示。

$$\check{x}_t^n = x_t^n - \frac{1}{M} \sum_{i=1}^{M} x_t^i \quad (5-26)$$

式中，$\check{x}_t^n$ 为第 n 道第 t 个采样点背景消除后的雷达数据；M 为雷达数据的总道数。

对比漂移消除和背景消除可以发现，两种方法本质上都是对雷达数据进行去趋势处理；区别之处在于前者是以每一道数据为基础去趋势，属于道内数据处理，消除了时间方向上存在的恒定干扰；后者是以每一采样时刻的所有道数据为基础去趋势，属于道间数据处理，消除了空间方向上存在的恒定干扰。

（5）零位校正。由于探测表面的凹凸不平或者天线与表面耦合不当，波形数据的记录起始点常常不是雷达波真正抵达表面反射点的时间，即零位偏移。特别是表面起伏较大时，这种现象会更加明显，如图 5-14 所示。为了防止零位偏移对深度计算和同相轴追踪造成影响，需要进行零位校正，将波形零点调整到雷达波的真实反射点。

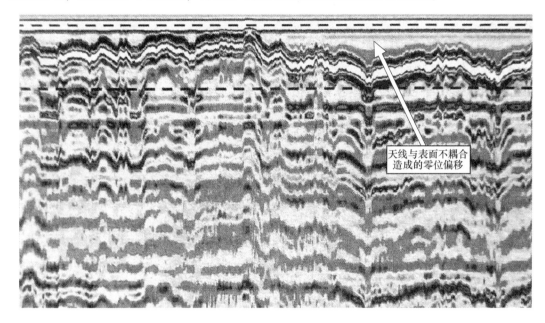

天线与表面不耦合
造成的零位偏移

图 5-14　零位偏移现象[2]

5.4.3　地质雷达数据滤波

数据预处理仅是对地质雷达数据进行了简单的校正，此时的雷达数据仍是地层反射波和干扰噪声的混合体，可读性较差。因此，需要对雷达数据进行滤波处理，消除噪声，提取有效信息。数据滤波一直是地质雷达领域的研究热点，提出了种类繁多的滤波方法。本书仅介绍 4 种经典滤波方法：数字滤波、希尔伯特变换、小波去噪和反卷积。

5.4.3.1　数字滤波

在地质雷达的野外测量中，一般不设置前置滤波器，而是采用全通的记录方式。这样能够保留尽可能多的信息，但有效波和干扰波也会被同时记录下来。为了去除数据中的干扰信号，需要采用多种滤波方法对噪声进行滤除。

A　一维数字滤波

一维数字滤波是根据数据中有效信号和干扰信号频谱范围的不同来消除干扰波的。如果有效信号的频谱分布与干扰信号的频谱分布存在分界，那么可根据它们分布形式的不同，设计一个合理的滤波器，将雷达信号中的干扰频段滤除，即可得到有效信号。根据干扰信号的频谱分布的不同，可以采取低通、高通或带通的方法。在雷达信号处理中，一维滤波处理可以压制地质雷达信号中的干扰信号，提高雷达剖面的信噪比。

一维滤波过程可以表示为式（5-27）：

$$x'(t) = T[x(t)] \tag{5-27}$$

式中，$x(t)$ 和 $x'(t)$ 分别为滤波前后的波形序列；$T[*]$ 为一维滤波器。

一维滤波器在实际应用中一般要求具有线性、时移不变性、稳定性和因果性的特点。

（1）线性。对于任意两个波形信号序列 $x_1(t)$ 和 $x_2(t)$，总满足：

$$T[ax_1(t) + bx_2(t)] = aT[x_1(t)] + bT[x_2(t)] = ax_1'(t) + bx_2'(t)$$

式中，a、b 为常数。

（2）时移不变性。对于任意输入信号，总满足式（5-28）。这说明系统的特性不随时间改变。

$$T[x(t-m)] = x'(t-m) \tag{5-28}$$

（3）稳定性。有限输入只产生有限输出。

（4）因果性。系统的输出只取决于当前和过去的输入。

具有以上四个特点的系统是稳定而且可实现的，是地质雷达一维滤波常用的系统。这里仅简单介绍两种主要的一维滤波器形式：FIR 滤波器和 IIR 滤波器。

（1）FIR 滤波器。FIR 滤波器是指有限冲激响应滤波器（Finite Impulse Response），又称为非递归型滤波器。FIR 滤波器的最主要的特点是没有反馈回路，稳定性强，不存在不稳定问题；FIR 滤波器具有严格的线性相位；但 FIR 滤波器相对 IIR 滤波器而言阶次较高，对计算机性能的要求较高。

（2）IIR 滤波。IIR 滤波器是指无限冲激响应滤波器（Infinite Impulse Response），又称为递归型。IIR 滤波器具有反馈回路，因而设计滤波器时需要考虑稳定性问题；IIR 滤波器的相位是非线性的，滤波后的相位校正更加复杂；IIR 滤波器需要历史输出作为反馈，因而相较 FIR 滤波器，可以在较低的阶次下具有更好的效果；IIR 滤波器计算过程中产生的舍入误差会因反馈机制的存在而不断累加。

B 二维滤波

在地质雷达探测中，有时会出现有效波和干扰波的频谱分布接近或重叠的情况，这时只使用一维滤波就无法很好地压制干扰。但如果有效波和干扰波存在视速度差异，则可进行二维滤波。

电磁波在介质内以速度 v 沿射线方向传播。但在实际的地质雷达探测中，反射波的传播路径与天线间的连线不同，因此直接根据距离除以时间得到的速度也就不同于真速度，称为视速度 v^*。如图 5-15 所示，电磁波从发射天线传播到接收天线，水平距离为 X。图中给出两种路径波的传播过程，即直达波和地下物体反射波，它们传播时间分别为 t_1 和 t_2。直达波的视速度为 $v_1^* = v = X/t_1$，反射波的视速度为 $v_2^* = X/t_2$，很明显直达波视速度大于反射波视速度。

从图中可知，相同频谱信号的波，由于传播路径不同，在剖面上其波组形式不同。地质雷达采用等距自发自收的连续探测，其剖面上道间水平波组具有较高的视速度。利用视速度不同，可以达到对道间水平或倾斜波组滤波的目的。

定义波数为单位距离内的简谐波个数，用 k_x 表示。视速度、频率和波数具有如式（5-29）所示内在关系。可见，波数 k_x 的变化既包含了频率 f，又包含了视速度 v^* 的变化。

$$k_x = \frac{f}{v^*} \tag{5-29}$$

不考虑电磁波的色散性质，某一类型的波在均匀介质中的真速度 v 是常数。频率 f 不同的简谐波对应的波数 k_x 也不同。一个雷达波可视为由许多频率不同的简谐波组合而成。

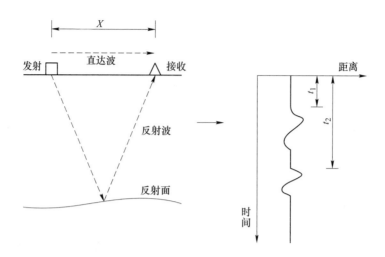

图 5-15   电磁波旅程示意图

在实际雷达信号中，有效信号和干扰信号的视速度有差异，而频谱分布重叠时，仅使用频率滤波会损失有效信号；仅使用波数滤波会产生频率畸变。

因此，需要组成频率-波数域的二维滤波，来实现指定频率范围内的，指定视速度范围的有效波得到加强，同时使频带内其余视速度的干扰波得到压制。

可以采用以下两种方式达到二维滤波目的：

（1）时间域利用滤波因子进行二维卷积运算；

（2）频率域利用二维谱信号的正逆变换实现。

在时间域内进行二维滤波本质上就是二维卷积运算，如式（5-30（a））所示；对于离散数据，将连续积分变为有限求和，如式（5-30（b））所示。对于二维的雷达数据组 $x(t, n)$，可以用二维傅里叶变换，求出其相应的频率-波数二维谱 $X(\omega, k_x)$，随后与滤波器 $H(\omega, k_x)$ 相乘得到滤波后的频率-波数二维谱 $\tilde{X}(\omega, k_x)$，如式（5-30（c））所示，随后进行二维反傅里叶变换，得到最终滤波后的数据组 $\tilde{x}(t, n)$。

$$\tilde{x}(t, n) = x(t, n) * h(t, n) \qquad (5-30（a）)$$

$$\tilde{x}_t^m = \sum_{i=0}^{N-1} \int_{-\infty}^{\infty} x_\tau^i h_{t-\tau}^{m-i} \mathrm{d}\tau = \sum_{i=0}^{N-1} x_t^i h_t^{m-i} \qquad (5-30（b）)$$

$$\tilde{X}(\omega, k_x) = X(\omega, k_x) H(\omega, k_x) \qquad (5-30（c）)$$

式中，m 为结果道的道数。

通过波数-频率图可以直观体现二维滤波的原理，如图 5-16 所示。不同信号在图上体现为不同的过原点的射线，射线的斜率就是视速度。有效信号的视速度范围为 $v_2^* \sim v_1^*$，频率范围为 $f_2 \sim f_1$，即图 5-16 中的 II 区。响应的 I 区是高速干扰区，III 区则是低速干扰区。利用频率-波数域滤波可以压制不同频率和视速度的干扰信号。

5.4.3.2   希尔伯特变换

一个时间实函数信号 $f(t)$ 的频谱函数 $F(\omega)$ 通常是一个复数频谱，包含有幅度频谱与相位频谱两部分。但因为幅度频谱呈偶对称关系，相位频谱呈奇对称关系，即正谱与负谱互成共轭复数关系，如式（5-31）所示。

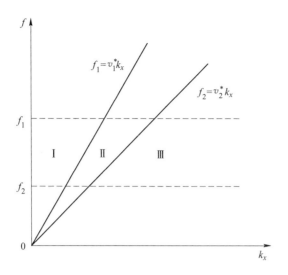

图 5-16　二维谱平面

$$F(j\omega) = F^*(-j\omega) \tag{5-31}$$

正谱一旦确定，则负谱也随之确定。因而，如果去除负谱部分构成单边频谱，信号包含的信息并不会丢失。单边频谱对应的时间信号不是一个时间的实函数信号，而是一个时间的复函数信号。这个对应于单边频谱的复信号常被称为解析信号。就信息传输而言，解析信号与原来双边频谱对应的时间实信号是等效的。如图 5-17（b）所示的单边频谱可以通过将如图 5-17（a）所示的双边频谱的负谱部分对称于纵轴反褶后加到正谱上来获得，如式（5-32）所示。

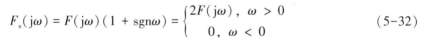

$$F_s(j\omega) = F(j\omega)(1 + \mathrm{sgn}\omega) = \begin{cases} 2F(j\omega), & \omega > 0 \\ 0, & \omega < 0 \end{cases} \tag{5-32}$$

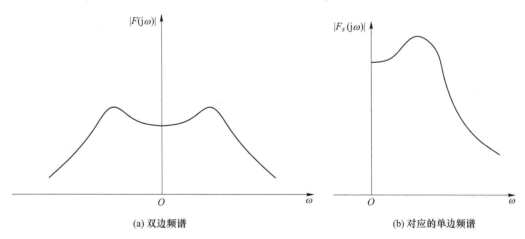

(a) 双边频谱　　　　　　　　　　　　　(b) 对应的单边频谱

图 5-17　实信号和解析信号的频谱

对单边频谱求傅里叶反变换即可将其转化为对应的时域复信号，即解析信号 $f_s(t)$，如式（5-33）所示。

$$f_s(t) = F^{-1}\{F(j\omega)\}$$
$$= f(t)\left[\delta(t) + j\frac{1}{\pi t}\right]$$
$$= f(t) + f(t) * j\frac{1}{\pi t}$$
$$= f(t) + j\frac{1}{\pi}\int_{-\infty}^{\infty}\frac{f(\tau)}{t-\tau}d\tau$$
$$= f(t) + j\hat{f}(t) \tag{5-33}$$

可见解析信号 $f_s(t)$（对应于单边频谱）的实部即为时间实信号 $f(t)$（对应于双边谱），而其虚部则由原信号 $f(t)$ 通过下列积分来确定，如式（5-34）所示。

$$\hat{f}(t) = H[f(t)]$$
$$= f(t) * \frac{1}{\pi t}$$
$$= \frac{1}{\pi}\int_{-\infty}^{\infty}\frac{f(\tau)}{t-\tau}d\tau \tag{5-34}$$

式（5-34）即为希尔伯特变换[18]。它说明了解析信号的实部和虚部并非彼此独立的，实部一经确定，虚部随之确定。换句话说，解析信号的虚部为它实部的希尔伯特变换。

对 $\hat{f}(t)$ 进行傅里叶变换，可得希尔伯特变换的频谱函数为：

$$F\{\hat{f}(t)\} = -jF(j\omega)\mathrm{sgn}\omega \tag{5-35}$$

因此，从频谱上来看，可以将希尔伯特变换理解为一个 90°相移滤波器，这个滤波器将信号在保持幅度不变的条件下，对正频率分量产生了滞后 90°的相移，对负频率分量产生了超前 90°的相移。

希尔伯特变换的意义在于，通过将实数信号变换成解析信号，把一个一维的信号变成了二维复平面上的信号，复数的模和幅角代表了信号的幅度和相位，如图 5-18 所示。

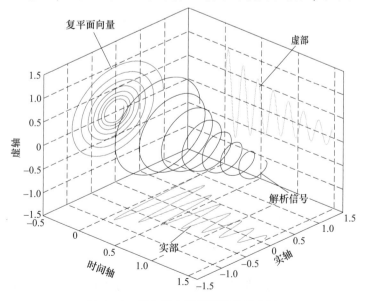

图 5-18　复空间中的解析信号示意图

彩色原图

解析信号可以计算瞬时振幅和瞬时相位。信号的瞬时振幅即为信号的包络，就是解析信号围成的立体图形的边界在复平面的投影，如图5-19所示。

$$A(t) = \sqrt{f^2(x) + \hat{f}^2(x)} \tag{5-36}$$

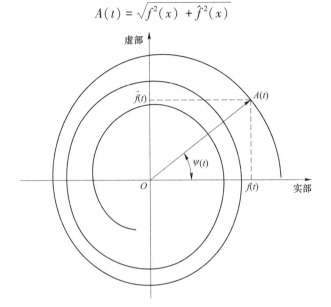

图5-19 解析信号在复平面上的投影

因此，瞬时振幅就是复平面上的螺旋线中的这一时刻对应点的模值，如式（5-36）所示。瞬时相位就是虚部和实部在这一时刻的比值的反正切，如式（5-37）所示，瞬时频率就是瞬时相位的导数。

$$\psi(t) = \arctan\left[\frac{\hat{f}(x)}{f(x)}\right] \tag{5-37}$$

例1 求得希尔伯特变换并确定其对应的解析信号。

解：由希尔伯特变换定义，有：

$$\begin{aligned}
\hat{f}(x) &= \frac{1}{\pi}\int_{-\infty}^{\infty} \frac{\cos\omega t}{t-\tau}\mathrm{d}\tau \\
&= \frac{1}{\pi}\int_{-\infty}^{\infty} \frac{\cos\omega[(t-\tau)-t]}{t-\tau}\mathrm{d}\tau \\
&= \frac{\cos\omega t}{\pi}\int_{-\infty}^{\infty} \frac{\cos\omega(t-\tau)}{t-\tau}\mathrm{d}\tau + \frac{\sin\omega t}{\pi}\int_{-\infty}^{\infty} \frac{\sin\omega(t-\tau)}{t-\tau}\mathrm{d}\tau \\
&= \sin\omega t
\end{aligned} \tag{5-38}$$

与对应的解析信号为：

$$\begin{aligned}
f_s(t) &= f(t) + \mathrm{j}\hat{f}(t) \\
&= \cos\omega t + \mathrm{j}\sin\omega t \\
&= \mathrm{e}^{j\omega t}
\end{aligned} \tag{5-39}$$

借助希尔伯特变换分离实数信号瞬时振幅、瞬时相位和瞬时频率的能力，可以提取地质雷达波的有效信息，进而提高雷达反射信号的分辨率，提高地层解释的精度和正确率。图5-20所示为某路面地下地质雷达探测原图和希尔伯特处理相位结果图；图5-21所示为某地岩溶溶蚀病害区的一个划分地质雷达探测的原始结果图和希尔伯特处理频谱、振幅结果图。可以发现，与原始图像相比，经过希尔伯特变换后的图像提取出了反射波形的深层信息，具有更高的分辨率。

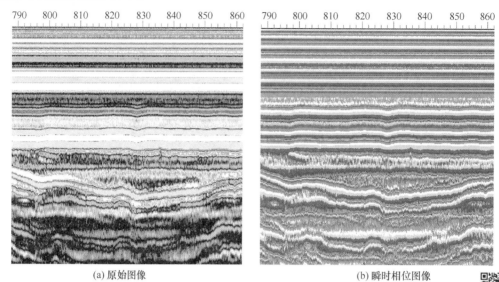

(a) 原始图像　　　　　　　　　　　　　　　(b) 瞬时相位图像

图 5-20　某路面地下地质雷达探测原始图及瞬时相位图

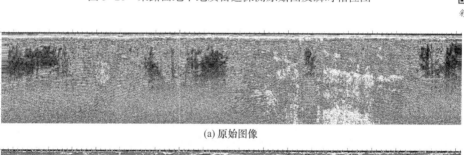

(a) 原始图像

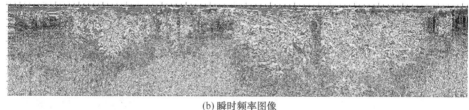

(b) 瞬时频率图像

(c) 瞬时振幅图像

图 5-21　某地岩溶溶蚀病害区地质雷达探测原始图及瞬时频率、瞬时振幅图

彩色原图

5.4.3.3　小波去噪

小波分析利用尺度参数的变化，把信号中不同频率的成分分解到不同的子空间中，既可以观察到信号的细节分量，也可以观察到信号的趋势分量，其基本原理见2.4.1节。

在小波变换子空间中，有效信号的信号能量主要集中在几个有限的系数中，而噪声的能量却分布于整个小波域中，因此可以通过一些手段将噪声分离来实现去噪。基于小波的去噪方法有许多，最常用的是小波阈值去噪。通过设定阈值滤除大部分噪声系数，而保留有效信号系数，再进行小波反变换，便可得到去噪后的信号。小波阈值去噪对地质雷达弱反射信号的提取具有良好的效果。小波阈值去噪方法进行地质雷达信号滤波的步骤如下：

（1）先对信号进行多重小波分解，噪声部分通常包含在分解后的高频部分；

（2）根据噪声的先验知识，设置阈值对小波系数进行处理；

（3）最后对处理后的系数进行小波反变换，重构信号。

5.4.3.4　反卷积

在介绍反卷积之前，需要了解卷积原理[19]。卷积是信号时域分析的基本手段，这种运算关系由式（5-40）定义：

$$x(t) * h(t) = \int_{-\infty}^{\infty} x(\tau)h(t-\tau)\mathrm{d}\tau \tag{5-40}$$

式中，$x(t)$ 为输入信号序列；$h(t)$ 为系统脉冲响应。

图 5-22（a）所示为 $h(t)$ 函数；如果把变量 t 替换为 $-\tau$，则只要将 $h(t)$ 的曲线按纵轴反折过来即可得到，如图 5-22（b）所示；$h(t-\tau)$ 函数则是将 $h(-\tau)$ 延时 t 而得到，如图 5-22（c）所示。因此，$h(t-\tau)$ 在 $r>t$ 时值为零。图 5-23 所示为卷积运算过程的图解。卷积运算实质上描述了输出信号每个点的结果由输入信号乘以一个翻转的脉冲响应来影响的过程。由于这种反褶的关系，卷积有时也称褶积。

卷积运算遵从互换律、分配律和结合律运算法则，分别如式（5-41（a））~式（5-41（c））所示。

$$u(t) * v(t) = v(t) * u(t) \tag{5-41（a）}$$

$$u(t) * [v(t) + w(t)] = u(t) * v(t) + u(t) * w(t) \tag{5-41（b）}$$

$$u(t) * [v(t) * w(t)] = [u(t) * v(t)] * w(t) \tag{5-41（c）}$$

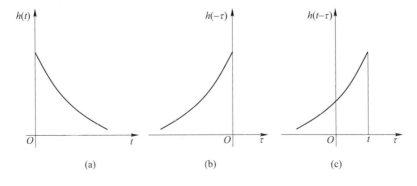

图 5-22　函数 $h(t)$ 改变变量、反折和延时

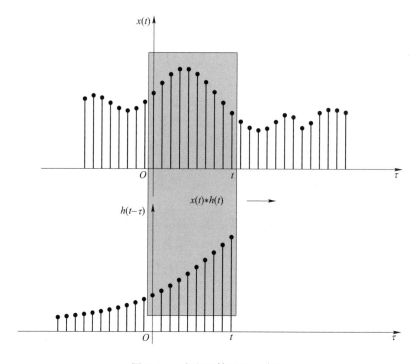

图 5-23   卷积运算过程示意图

反卷积是通过压缩雷达子波以提高雷达剖面的时间分辨率的过程。为此，首先需要分析一个地质雷达记录的成分。地层是由不同岩性和物理性质的岩石组成，地质雷达天线接收到的，是各种介质界面反射信号的叠加。受天线性能影响，发射天线实际发射的脉冲可被视为一个具有一定时间延续度的子波 $b(t)$。因此，实际记录的雷达信号 $x(t)$ 就可以表示成一个卷积模型，即介质界面反射系数 $r(t)$ 与雷达子波的卷积，如式（5-42）所示。

$$x(t) = b(t) * r(t) \tag{5-42}$$

因此，需要通过某种方法将反射系数 $b(t)$ 从雷达信号 $x(t)$ 中还原回来。实现这个目标的过程就是反卷积。

定义反卷积算子为 $a(t)$，$a(t)$ 与实际雷达记录 $x(t)$ 卷积后可得到地下介质的反射系数 $r(t)$，则：

$$r(t) = a(t) * x(t) \tag{5-43}$$

将式（5-43）代入式（5-42）中，可得：

$$x(t) = b(t) * a(t) * x(t) \tag{5-44}$$

消去 $x(t)$ 即可得到：

$$b(t) * a(t) = \delta(t) \tag{5-45}$$

因此，如果知道雷达子波 $b(t)$，就可求出反卷积算子 $a(t)$，再将 $a(t)$ 与雷达信号 $x(t)$ 卷积，即可获得地层的反射系数 $r(t)$。雷达子波的提取方法有很多，如直接观察法、希尔伯特变换法、Z 变换求取法及自相关方法等，这里不详细展开。

除了根据雷达子波进行反卷积滤波外，反卷积运算还可用于最小平方反卷积滤波、最小熵反卷积滤波和预测反卷积滤波等方法。这里简要介绍预测反卷积滤波方法的基本思想。

所谓预测滤波，就是设计一个预测滤波因子 $c(t)$，用它对某一物理量的过去值 $g(t-1)$、$g(t-2)$、$\cdots$、$g(t-m)$ 和现在值 $g(t)$ 进行运算，得到其在将来某一时刻时的预测值，如式（5-46）所示。

$$\hat{g}(t+a) = c(t) * g(t) = \sum_{\tau=0}^{m} c(\tau)g(t-\tau) \tag{5-46}$$

地质雷达观测到的雷达信号 $x(t)$ 一般由可预测分量 $g(t)$ 和不可预测分量 $k(x)$ 构成。其中，可预测分量 $g(t)$ 由于各时刻之间存在关联，故可由过去值和现在值对将来值进行预测，如驻波、道间水平干扰等；不可预测分量 $k(x)$ 是不相关的随机量，故不可预测，如破裂面反射信号等。

因此，如果能够实现对可预测分量 $g(t)$ 的准确预测，则预测值与实际值之间的残差即为信号中的不可预测分量 $k(x)$，如式（5-47）所示，即可将雷达信号中的规律性干扰信号滤除。

$$\Delta(t+a) = k(t+a) = x(t+a) - \hat{g}(t+a) = x(t+a) - c(t) * g(t) \tag{5-47}$$

在实际勘测中，由于地面和天线之间的多次反射产生振荡效应，地质雷达数据中可能会有规律振荡干扰。因此可以将振荡效应看作可预测量，通过预测反卷积将其消除而得到无振荡效应的雷达记录，如图 5-24 所示。

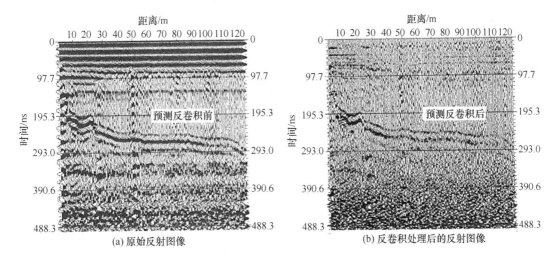

图 5-24 反卷积处理前后效果比较图[3]

5.4.4 地质雷达数据修饰

5.4.4.1 反射面的偏移归位

地质雷达的探测依据，是接收来自地下介质界面的反射波。地质雷达剖面法一般使用的都是发射天线和接收天线集成在一起的自激自收式天线。因此反射面在反射点处的法线，就是地质雷达接收到的反射波的传播路径。实际探测中，法平面通过雷达天线的任何反射面，其产生的反射波都可以被记录下来，造成地质雷达图像上显示位置与实际位置不同，如图 5-25 所示。在资料处理中需要把雷达记录中的每个反射点移到其正确的位置，这种处理方法称为偏移归位处理。经过偏移归位处理的雷达剖面可反映地下介质的真实位置。常用的偏移归位技术有两类：以射线偏移方法和波动方程偏移方法。这里简要介绍射线偏移方法中的绕射扫描叠加方法。

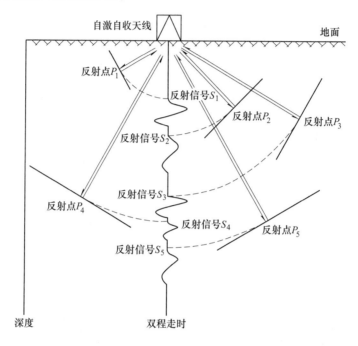

图 5-25   雷达反射波的偏移示意图

绕射扫描叠加是建立在射线理论基础上，是反射波自动偏移归位到其空间真实位置上的一种方法。按照惠更斯原理，地下界面的每一个反射点都可以认为是一个子波源，这些子波源产生的绕射波都可以到达地表被接收天线接收。应用绕射扫描偏移叠加处理时，把地下介质划分为网格，把每个网格点看成是一个反射点。如果反射点 P 深度为 H，反射点所处的记录道为 S_i（其地表水平位置为 L_i），扫描点对应任意记录道 S_j（地表水平位置 L_j）的反射波或绕射波双程走时为：

$$t_{ij} = \frac{2}{v}\sqrt{H^2 + (L_j - L_i)^2} \quad (j = 1, 2, 3, \cdots, m) \tag{5-48}$$

式中，m 为参与偏移叠加的记录道；v 为地层的电磁波传播速度。

把记录道 S_j 上 t_{ij} 时刻的振幅值与 P 点的振幅值叠加起来，作为 P 点的总振幅值 x_P^i：

$$x_P^i = \sum_{j=1}^{m} x_{t_{ij}}^j \tag{5-49}$$

按照上述方法进行绕射偏移叠加得到的深度剖面，在有反射界面或绕射点的地方，由于各记录道的振幅值 x_P^i 接近同相叠加，叠加后的振幅值会明显增大；反之，在没有反射界面或绕射点的地方，由于各记录道的随机振幅值非同相叠加，它们彼此互相抵消，叠加后的总振幅值呈现随机分布。这样就完成了反射波和绕射波的自动归位，如图

5-26 所示。

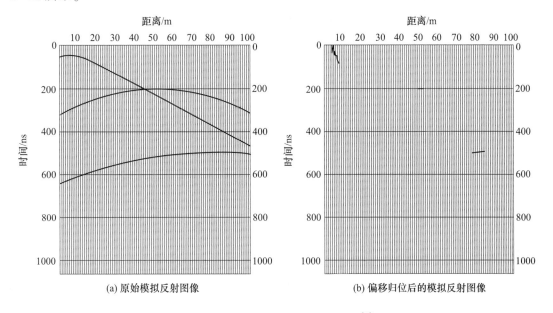

图 5-26 绕射扫描叠加偏移示例图[3]

5.4.4.2 雷达图像增强

A 道间平衡加强

道间平衡加强属于修饰性处理，是一种利用信号相关性提高时间剖面信噪比的处理方法。该方法的基本原理是，在相邻雷达道中的随机干扰不具有相似性，有效波形则具有相似性。因而应当加强雷达信号中的有效段，抑制干扰段。

道间平衡加强的计算公式如式（5-50）所示，其重点在于加强权重的计算。

$$\widetilde{x}_t^n = \widetilde{B}_t^n x_t^n \tag{5-50}$$

式中，x_t^n 和 $\widetilde{x}_t^n$ 分别为道间平衡加强处理前后的第 n 道雷达记录的第 t 采样点；$\widetilde{B}_t^n$ 为第 n 道记录的第 t 采样点加强权重，通过权重函数 $\widetilde{B}(n, t)$ 确定。

道间平衡加强权重函数 $\widetilde{B}(n, t)$ 的选取应满足以下两个条件：

（1）$\widetilde{B}(n, t)$ 在水平同相轴通过处应取大值，否则应取小值。

（2）$\widetilde{B}(n, t)$ 随时间 t 的变化应较平缓，以避免处理后记录波形明显失真。

道间平衡加强权重函数 $\widetilde{B}(n, t)$ 的形式可以有很多，这里介绍一种基于道间互相关的 $\widetilde{B}(n, t)$ 计算方法，求取步骤如下：

（1）将以第 n 道为中心的 N 道雷达数据不加任何时间延迟地叠加起来，形成参考模型道。

$$\bar{x}_t^n = \sum_{i=n-\frac{N-1}{2}}^{n+\frac{N-1}{2}} x_t^n \tag{5-51}$$

式中，x_t^n 为平衡加强前的第 n 道记录的第 t 采样点；N 为求模型道所用的道数，一般为大于 1 的奇数；$\bar{x}_t^n$ 为第 n 道对应的参考模型道。

（2）在以 t 为中心、T 为长度的时间窗口内，求取参考模型道与处理道之间的相关系数。

$$R_t^n = \sum_{i=t-\frac{T-1}{2}}^{t+\frac{T-1}{2}} \bar{x}_i^n \widetilde{x}_i^n \Big/ \sum_{i=t-\frac{T-1}{2}}^{t+\frac{T-1}{2}} x_i^n x_i^n \tag{5-52}$$

式中，R_t^n 为第 n 道雷达数据在第 t 个采样点的相关系数。

（3）设定相关系数极大值 R_{max} 和极小值 R_{min}，对 R_t^n 进行限值。

$$B_t^n = \min(R_{max}, \ \max(R_{min}, \ R_t^n)) \tag{5-53}$$

式中，$\min(a, \ b)$ 和 $\max(a, \ b)$ 分别表示取 a、b 两者中的最小值和最大值。

（4）以 T 为平滑时窗长度，对权重系数 $B_j(t)$ 进行平滑处理，得到最终的道间平衡加强权重系数 $\widetilde{B}_t^n$。

$$\widetilde{B}_t^n = \frac{1}{T} \sum_{t'=t-\frac{T-1}{2}}^{t+\frac{T-1}{2}} B_t^n \tag{5-54}$$

B　自动增益

自动增益的目的是使雷达剖面上各有效波的能量均衡，这种处理增强了弱信号，便于有效波的追踪和对比。与道间平衡加强相同，自动增益也是通过雷达数据乘以随时间变化的增益权重系数来实现，即：

$$\widetilde{x}_t^n = \widetilde{P}_t^n x_t^n \tag{5-55}$$

式中，x_t^n 和 $\widetilde{x}_t^n$ 为自动增益前后的第 n 道记录的第 t 采样点；$\widetilde{P}_t^n$ 为自动增益权重系数。

自动增益权重函数 $\widetilde{P}(n, \ t)$ 同样应当满足两个条件：

（1）$\widetilde{P}(n, \ t)$ 在能量大的有效信号处应取小值；在能量小的有效信号处应取大值。

（2）$\widetilde{P}(n, \ t)$ 随时间 t 的变化应较平缓。

这里同样介绍一种基于能量的自动增益权重函数 $\widetilde{P}(n, \ t)$ 的计算方法，步骤如下：

（1）在以 t 为采样中心、T 为窗长的时间窗口内，计算窗口的平均振幅：

$$\bar{x}_t^n = \frac{1}{T} \sum_{i=t-\frac{T-1}{2}}^{t+\frac{T-1}{2}} |x_i^n| \tag{5-56}$$

式中，$\bar{x}_t^n$ 为第 n 道的第 t 采样点为中心的窗口的平均振幅。

（2）设定有效振幅系数 M，计算自动增益权重系数：

$$\widetilde{P}_t^n = \frac{M}{\bar{x}_t^n} \tag{5-57}$$

5.5　地质雷达在岩体破裂监测中的应用

地质雷达资料的解释，主要是在处理后的地质雷达剖面图的基础上，根据反射波组的波形与强度特征，确定地下介质反射界面的位置。地质雷达资料反映的是地下介质的电性分布。要把地下介质的电性分布转化为地质情况，必须要结合各种地勘资料以及微震监测、钻孔摄像等岩体破裂监测方法，建立测区的地质-地球物理模型，并以此推断地质结构。

5.5.1　雷达波速计算

地质雷达剖面图的纵轴是反射波的双程走时。因此，为了将时间参数转化为深度参数，需要获得雷达波在介质内传播的速度。雷达波速的准确性直接关系到解释结果的可靠程度。常用的获取电磁波在介质中传播速度的方法有：已知目标换算方法、介电常数法、CDP 速度分析法、几何刻度法、反射系数法等[20]。

已知目标换算方法是最简单也最常用的方法，类似微震监测技术中的波速校正方法，见 2.4.3 节。已知目标换算方法的基本思路为：通过钻探或钻孔摄像确定某一反射面的真实深度，结合雷达双程走时反演波速；然后以此波速来推断其他未知反射面的深度。双程走时 t 与波速 v 的关系如式（5-58）所示。

$$t^2 = \frac{4h^2}{v^2} + \frac{x^2}{v^2} \tag{5-58}$$

式中，h 为反射界面的深度；x 为发射天线与接收天线之间的距离。

反射系数法在浅层检测如公路路面的检测中常用。通常以金属板作为反射系数参考对象。由于介质的反射波振幅与反射系数成正比，因此通过观测金属板的反射波振幅（反射系数为 1）和介质的反射振幅可以获得电磁波在介质中传播速度，如式（5-59）所示。

$$v = \frac{1 - \dfrac{A}{A_m}}{1 + \dfrac{A}{A_m}} \times c \tag{5-59}$$

式中，A_m 为金属板的反射振幅；A 为介质的反射振幅；c 为光速。

5.5.2　岩体破裂资料解释

断裂、岩溶或其他不良地质现象的存在，改变了岩体结构的完整性。在破裂带中，岩体较为破碎并夹杂有水及各种填充物，与完整岩体相比存在较大的电性差异。这种差异在地质雷达图像上主要表现为强反射、反射波同相轴错断等特征。

5.5.2.1　岩体破裂带的图像特征

由于断层破碎带、空化裂缝、裂隙往往造成正常地层层位发生变化，在地质雷达时间剖面上表现出如下几种主要特征：同相轴错动、同相轴局部缺失、波形畸变、频率降低和绕射波等。在实际探测中，这几种特征往往是混杂着出现的，因此对地质雷达图像进行解释时，需要结合已有地质资料以及其他监测技术的成果来综合判断。

（1）同相轴错动。在地质雷达剖面图上，把不同道上同一个反射波相同相位联结起来的对比称为同相轴。一般在完整岩体区域，同相轴往往平滑完整。岩体破裂带常常会造成岩体层位发生错断。如果破裂带走向与雷达测线方向基本垂直，这时在雷达剖面上就会表现为同相轴错断。错断点对应于裂隙中心点位置，同相轴错断程度反映了破裂发育程度和规模大小。

（2）同相轴局部缺失。如果破裂带走向与雷达测线方向相同，那么由于破裂对雷达波的吸收衰减作用，在雷达剖面上会表现为同相轴的局部缺失。缺失位置即为破裂发育位置；缺失范围反映了破裂发育范围。

（3）波形畸变。局部发育的破裂对雷达波具有衰减作用，反应在雷达剖面上就是反射波相较正常波形而言会发生畸变。规模越大的破裂造成的波形畸变程度越高。

（4）频率降低。岩体破裂在造成局部波形畸变的同时，由于电磁弛豫效应和吸收、衰减作用，造成反射波的局部频率降低。

（5）绕射波。当破裂连通性较好时，在雷达剖面上有时会产生较为明显的绕射波。绕射波的形态反映了破裂的产状；绕射波波长的大小反映了破裂的发育程度。

5.5.2.2　岩体破裂探测案例

断层最明显的特点就是地层发生错动，雷达波在断层处常常出现绕射。图 5-27 是某断层探测雷达剖面。在这个剖面上存在一个 5m 断距的断层，在断层两侧都存在明显的绕射现象。

由于强烈的构造作用，断层周围岩石严重破碎，并产生各种不良地质体。通过地质雷达探测，可以发现地层中的不良地质体的产状和规模。图 5-28 所示为地层中存在的陷落柱，雷达图像显示在相邻断层两盘之间存在大量松散堆积物，两盘岩石非常破碎，需要对其进行注浆加固。

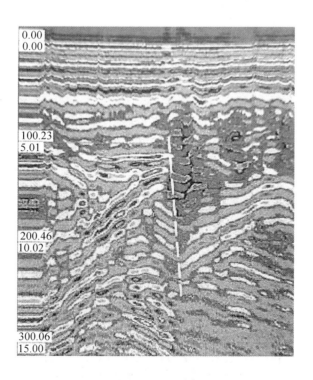

图 5-27　地下断层探测雷达剖面[21]

单位：m

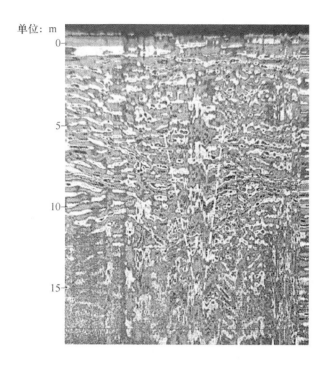

图 5-28　地下陷落柱探测雷达剖面[21]

5.5.2.3　地层界面探测案例

地层界面产状会影响地表构造物的建造方案。采用地质雷达精确探测浅层地质界面，可以为地面构筑物的设计提供依据。图 5-29 为观测站地下砂岩和灰岩的分界面，分界面埋深在 12m 附近。

5.5.2.4　地下溶洞探测案例

溶洞探测是地质雷达在地质勘查常常遇到的问题。溶洞可能是空腔，也可能被水或泥土填充。因此溶洞区域内的电性特征与周围岩体会有明显不同，在雷达剖面上会表现为强反射波围成的区域内一组弱反射波。图 5-30 为典型的溶洞探测图像。

5.5.3　岩体破裂时空演化监测

在隧道工程中，掌子面穿过不良地质地段的过程中，经常出现塌方、涌水等现象，严重影响人员和设备安全，增加施工成本，降低施工速度。因此，在隧道掘进过程中及时了解掌子面前方地质情况，特别是断层、破碎带等不良地质构造的规模和特征，对确保施工安全、合理安排掘进方案和支护措施具有重要作用。隧道掌子面前方地质情况预报可分为中、长距离预报和短距离预报，中、长距离预报一般采用浅层地震方法，短距离预报可采用地质雷达或声波探测。

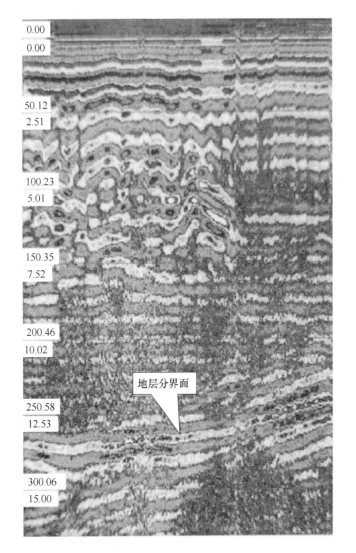

图 5-29　地下地质分界面雷达探测剖面[21]

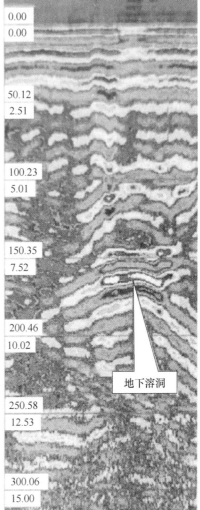

图 5-30　地下溶洞雷达探测剖面[21]

同时，通过对某一区域定期进行地质雷达探测，可以了解该区域内的岩体破裂演化过程。在深部隧道工程中，掌子面掘进的开挖卸荷作用会造成前方及洞壁岩体的应力重分布。工程岩体受扰动后会发生岩性变化，原有断层及破裂会被激活；新的破裂会产生；岩体破碎程度增加。因此，即时准确地了解工程岩体受施工扰动产生的岩体破裂时空演化规律，对确保工程顺利建设具有重要的指导作用。

通过在不同施工进度下对相同位置的重复的地质雷达探测，可以分析出围岩破碎情况的发展以及断层破裂带等结构面的发展情况，结合钻孔摄像、声波检测等岩体破裂监测技术得到的监测资料，即可实现岩体破裂激活、发育的时空演化规律，评估岩体稳定性，进而据此调整施工及支护方案。

─────── 本 章 小 结 ───────

本章介绍了地质雷达的基本原理、设备结构和数据采集方法、数据处理方法、数据解释方法及其应用，主要内容如下：

（1）地质雷达监测技术是一种用高频电磁波来确定介质内部物质分布规律的地球物理方法，通过分析反射波的变化，能够探测地层中的岩性变化和结构特征。地质雷达监测技术主要应用于矿山工程、地质工程、土木工程、交通工程、水利工程、环境工程、考古及市政工程等领域中。

（2）地质雷达设备可分为组合式设计和分离式设计两种，主要由发射控制器、接收控制器、天线、控制系统及主机五部分组成。地质雷达数据采集方法可分为：剖面法、宽角法、共中心点法及钻孔雷达法。其中，地质雷达剖面法是最常用的探测方法，适用于各类地下介质探测；地质雷达宽角法和地质雷达共中心点法主要用于测试地下介质的电磁波速度；钻孔雷达常用于隧洞超前地质预报及岩溶、破碎带探测等。

（3）地质雷达数据处理能够压制噪声、增强信号、提高信噪比，主要处理过程：数据预处理、数据滤波和数据修饰。数据预处理主要包括废道剔除、漂移消除、背景消除和零位校正等；数据滤波常用的有数字滤波、希尔伯特变换、小波去噪和反卷积等；数据修饰主要是偏移归位、道间平衡加强和自动增益等。

（4）地质雷达数据解释就是把雷达图像反应的电性分布转化为地下介质的地质情况，主要处理过程：波速计算和反射层解释。其中，波速计算是将反射波的双程走时转化为地层的深度；反射层解释是根据同相轴错动、同相轴局部缺失、波形畸变和频率变化等反射波特征推断断层、破碎带等不良地质体分布，对工程合理设计、安全施工及稳定运营提供指导。

习题与思考题

1. 简要叙述地质雷达的发展历史。
2. 地质雷达为什么能够探测地下介质的岩性变化？
3. 推导介质无损耗（$\sigma = 0$）情况下的电磁波传播速度和波长，并与有损耗条件下的结果对比。
4. 推导低损耗介质（$\sigma \ll \omega\varepsilon$）条件下的电磁波衰减常数及相位常数。
5. 推导良导体介质（$\sigma \gg \omega\varepsilon$）条件下的电磁波衰减常数及相位常数。
6. 简述地质雷达的基本结构及工作流程。
7. 简述表面式地质雷达与钻孔雷达的联系与区别。
8. 如何通过希尔伯特变换得到信号的包络线（瞬时振幅）？
9. 简述岩体破裂在地质雷达反射剖面上的特点。

参 考 文 献

[1] 李大心. 探地雷达方法与应用 [M]. 北京：地质出版社，1994.

[2] 李嘉，郭成超，王复明，等. 探地雷达应用概述 [J]. 地球物理学进展，2007（2）：629-637.

[3] 彭苏萍，杨峰，苏红旗. 高效采集地质雷达的研制及应用 [J]. 地质与勘探，2002（5）：63-66.

［4］ 邓世坤，王惠濂．探地雷达图像的正演合成与偏移处理［J］．地球物理学报，1993，36（4）：528-536.

［5］ 李才明，王良书，徐鸣洁，等．基于小波能谱分析的岩溶区探地雷达目标识别［J］．地球物理学报，2006（5）：1499-1504.

［6］ 刘传孝，杨永杰，蒋金泉．探地雷达技术在采矿工程中的应用［J］．岩土工程学报，1998（6）：102-104.

［7］ 吴相安，徐兴新，吴晋，等．水利隐患 GPR 探测方法研究［J］．地质与勘探，1998（3）：49-53，59.

［8］ 孙洪星，李凤明．探地雷达高频电磁波传播衰减机理与应用实例［J］．岩石力学与工程学报，2002（3）：413-417.

［9］ 廖立坚，杨新安，杜攀峰．铁路路基雷达探测数据的处理［J］．中国铁道科学，2008（3）：18-23.

［10］ 曲海锋，刘志刚，朱合华．隧道信息化施工中综合超前地质预报技术［J］．岩石力学与工程学报，2006（6）：1246-1251.

［11］ 席道瑛，宛新林，薛彦伟，等．用地质雷达寻找宋代钧窑遗址［J］．岩石力学与工程学报，2004（1）：112-115.

［12］ Jin A K. 电磁波理论［M］．吴季，译．北京：电子工业出版社，2003.

［13］ Harry M. Jol. Ground Penetrating Radar Theory and Applications［M］．Oxford：Elsevier Science，2009.

［14］ Carcione J M. Ground-penetrating radar：Wave theory and numerical simulation in lossy anisotropic media［J］．Geophysics，1996（6）：1664-1677.

［15］ 曾昭发，刘四新，王者江．探地雷达方法原理及应用［M］．北京：科学出版社，2006.

［16］ Andrew Binley，Giorgio Cassiani，Roy Middlrton，et al. Vadose zone flow model parame-terisation using cross-borehole radar and resistivity imaging［J］．Journal of Hydrology，2002（3-4）：147-159.

［17］ Zhou Chaoguang，Liu Lanbo，John W，et al. Nonlinear inversion of borehole-radar tomography data to reconstruct velocity and attenuation distribution in earth materials［J］．Journal of Applied Geophysics，2001（3-4）：271-284.

［18］ 罗鹏飞，张文明．随机信号分析与处理［M］．北京：清华大学出版社，2014.

［19］ 管致中，夏恭恪，孟桥．信号与线性系统．上册［M］．北京：高等教育出版社，2015.

［20］ 粟毅，黄春琳，雷文太．探地雷达理论与应用［M］．北京：科学出版社，2006.

［21］ 杨峰，彭苏萍．地质雷达探测原理与方法研究［M］．北京：科学出版社，2010.